前言

创新，伴改革开放前行

2018 年迎来了改革开放 40 年。这 40 年经历了从"科学技术是第一生产力"到"创新是引领发展的第一动力"，从"科教兴国、人才强国战略"到"深入实施创新驱动发展战略"，创新伴随着改革开放一路走来，伴随着科技事业的稳步快速发展，铿锵有力的足迹时刻闪现在这 40 年的峥嵘岁月中。

40 年来，北京创新发展实现了瞩目的成就，涌现出一批世界领先、标志性的重大原创成果：先后攻克了汉字激光照排系统、曙光超级计算机、中文搜索引擎，首次发现马约拉纳任意子，率先研制成功碳基光电集成电路……建设了第一个国家级高新技术产业开发区、第一个国家自主创新示范区，培养了我国唯一一位诺贝尔自然科学奖获得者——屠呦呦，探索了数不清的"首创"，实现了多项"第一"。

步入新时代，北京的科技创新工作开启新征程，全力打造具有全球影响力的科技创新中心，每年的北京市科学技术奖获奖成果则是这一伟大征程的一个缩影。

本书聚焦 2018 年度北京市科学技术奖获奖成果，将科研成果以科学、风趣、通俗易懂的语言呈现出来，希望公众能够了解科学进展，感知科学魅力，形成全社会共同参与的良好局面。2018 年北京市科学技术奖获奖成果涵盖科技服务、信息技术、智能制造、基础研究、节能环保、医药健康等科研领域，虽然呈现给公众的每篇文章篇幅有限，但有限的文字背后，是科研工作者夜以继日的攻关克难，是勇于登攀的锲而不舍。

科技，让我们的生活流光溢彩、魅力无限；创新，让社会前行的每一步都坚定扎实、铿锵有力，它闪烁着智慧之光，伴我们一路前行，走向未来。

北京市科学技术委员会科普专项资助项目

创新在闪光

FLASH INNOVATION

2018年

北京市科学技术奖励工作办公室 编

北京理工大学出版社
BEIJING INSTITUTE OF TECHNOLOGY PRESS

图书在版编目（CIP）数据

创新在闪光 . 2018 年 / 北京市科学技术奖励工作办公室编 . —北京 : 北京理工大学
出版社 , 2019.3

ISBN 978 - 7 - 5682 - 6830 - 1

Ⅰ . ①创… Ⅱ . ①北… Ⅲ . ①科学研究事业 – 发展 – 研究 – 北京 – 2018

Ⅳ . ① G322.71

中国版本图书馆 CIP 数据核字 (2019) 第 042526 号

出版发行 / 北京理工大学出版社有限责任公司

社　　址 / 北京市海淀区中关村南大街 5 号

邮　　编 / 100081

电　　话 / （010）68914775（总编室）

　　　　　（010）82562903（教材售后服务热线）

　　　　　（010）68948351（其他图书服务热线）

网　　址 / http://www.bitpress.com.cn

经　　销 / 全国新华书店

印　　刷 / 保定市中画美凯印刷有限公司

开　　本 / 787 毫米 ×1092 毫米　1/16

印　　张 / 12.25　　　　　　　　　　　　　责任编辑 / 梁铜华

字　　数 / 184 千字　　　　　　　　　　　　文案编辑 / 梁铜华

版　　次 / 2019 年 3 月第 1 版　2019 年 3 月第 1 次印刷　　责任校对 / 杜　枝

定　　价 / 46.00　　　　　　　　　　　　　责任印制 / 边心超

目录

CONTENTS

前言

目录 CONTENTS

科技服务

目录 CONTENTS

目录 CONTENTS

智能制造

目录 CONTENTS

目录 CONTENTS

2018年

北京市科学技术奖获奖项目

FLASH INNOVATION
创新在闪光 2018年

基础研究

橘逾淮为枳
—— 一方水土养育一方中药材

黄璐琦 郭兰萍 郝庆秀 朱寿东 周利
中国中医科学院中药研究所

道地药材是优质药材的代名词,可在市场流通中却面临假冒、品质下降、资源短缺等境遇。那么至于道地药材如何过五关斩六将,以优质药材的面孔出现在人们面前,就请来看科研人员有哪些法宝。

《橘逾淮为枳》中提到的"橘生淮南则为橘,生于淮北则为枳",揭示了中药材的生产所遵循的自然规律。作为中医药精髓之一和传统优质中药材的代名词,道地药材一直备受推崇。

道地药材是指在特定自然条件、生态环境的地域内所生产的药材,生产相对集中,栽培技术和采收加工方法都有一定的讲究,疗效经过了长期的中医临床实践验证,得到了医者与患者的普遍认可,如东北人参、文山三七、宁夏枸杞、广藿香、茅苍术、浙贝母、怀地黄、潞党参、川黄连等都是道地药材。

随着人们对中医中药的需求不断高涨,市场对道地药材的需求量也在逐年增加。目前,大部分道地药材是经栽培种植生产的,由于栽培种植的环境差异、生产条件的差别,甚或某些地区的盲目引种,药材的品质不稳定,以次充好的现象时有发生。因此

三七主产于云南文山州各县,习称文三七,为著名的道地药材

白芷分布在中国的东北及华北等地，生长于海拔200~1 500米的地区

保障道地药材的品质、缓解道地药材资源短缺的压力，实现道地药材的可持续利用与发展，是我们要解决的重要问题。

构建数据库，摸清道地药材家底

研究团队广泛查阅、搜集并整理了道地药材的信息，包括传统种植、临床使用历史、栽培、产区分布、资源现状、引出或流失等情况。通过对已有数据的系统分析，并结合对主产区道地药材资源调查的信息，构建和完善了道地药材生产与科学研究的数据信息库，提出了道地药材管理及传统知识保护的对策，建立了基于综合遥感技术的中药种植模式，为全面提高道地药材产业的可持续发展提供了示范研究。

科学选址，给道地药材栽培找"家"

道地药材区划是综合评价各产地的自然和经济条件，分析药材生长的环境特点，研究药材品质和环境之间的关系，基于生态位模型（最大信息商）分布区划，划分出适宜的中药栽培区域；同时，构建含量和生态因子关系模型，采用空间计算功能对中药质量进行区划。对中药材生态适宜性种植区划研究，防止和纠正了在不适宜的生境内盲目种植，克服了"小而全"的小农经济，提高了药材生产的科学性。

科学栽培，让道地药材安心成长

由于受价格和市场等因素的影响，野生药材遭到掠夺性开发利用，有些野生药材甚至减少到物种灭绝的边缘。人工栽培品种的种植范围大、产量高，随着药材栽培技术的逐步成熟，栽培品已成为中药材的主要来源。但是，目前由于大宗中药材的种植，生产管理粗放、产量及质量不稳定的现象较为普遍。生产高品质的中药材已成为中医药发展的主要任务。

研究团队在药材栽培田间实验研究的基础上，建立了道地药材特色栽培与加工技术规范，指导道地药材的科学栽培和田间管理，合理使用化肥和农药，减少重金属、农药和其他工业化学产品等的残留污染。针对连作障碍严重的药材，例如三七，采集健康和发病三七植株的根际土壤和植物材料进行对比研究，获取根际土壤和根内微生物群落的组成信息，分析环境因子对微生物群落组成的影响，揭示三七土传病害发生机制，针对病害防治提供科学依据。

适时采收，科学加工，为道地药材质量保驾护航

如何做到药材的适时采收和科学加工，是保证药材质量与临床疗效的关键，正如"三月茵陈四月蒿，五月六月当柴烧"所说，茵陈在春天采收能作为药物使用，到了五月六月再采就没有药用价值了。这就要求把不同药材的生长过程中各药用部位活性成分含量的动态变化情况研究清楚，在合适的时间采收、采取合适的干燥加工方法，降低对药用成分含量影响的程度，为药材质量提供强有力的保障。研究团队通过研究，证实穿心莲内酯在开花前期含量最高，因此，穿心莲应在开花前期采收，确保在结果之前采收完毕。白芷中总香豆素成分含量在3月、7月呈现两个高峰，3月白芷的总体生物量少，而7月时药材的根部生物量大，并且粉性增加，药材品质形成，所以，白芷最佳采收期为7月。

现代辨识技术，让"伪劣掺假"无处可藏

研究团队通过对道地药材的遗传特征、化学成分、生物活性、特色生产及加工技术进行研究，建立了快速有效的道地药材品质辨识关键技术和规范。道地药材品质与药材的遗传基因有关，基因决定药材的内在品质。研究团队把分子标记技术、DNA 条形码技术成功地用于道地药材及其伪劣品的鉴别，建立了遗传谱系辅助 DNA 条形码技术实现中药材分子鉴定的方法，实现了对药材的整体化学

中药专家在文山三七栽培基地采样调查

5

TIPS

2018

"三月茵陈四月蒿，五月六月当柴烧"

茵陈这味中药，在春天采收才能作为药物使用，到了五月六月再采就没有药用价值了。

成分快速鉴别和活性成分的快速定量测定，让假冒伪劣药材无处藏身。

破解资源紧缺，生物技术手段显神通

活性成分是道地药材的药效物质基础，目前活性成分的供给基本依赖于从原药材中直接提取。利用生物技术手段生产药材活性成分，实现道地药材活性成分的工厂化生产，为解决我国大宗中药材的替代资源提供了新的途径。例如，人参、三七等药材对生长环境要求苛刻，且生长周期长、存在连作障碍、农药残留等一系列的问题，研究团队根据人参皂苷多靶点作用的药理学特征，尝试从生产单一目标成分到复杂中药有效组分方法探索，将三个人参皂苷元同时引入酿酒酵母，实现人参皂苷元的全合成，获得了第一代"人参酵母"。我们建立了三七不定根的液体培养体系，为实现三七药用活性成分的工厂化高效生产打下了基础。

通过系统收集、整理、分析、提取道地药材保障利用的关键技术，研究团队形成了优质特色生产及可持续利用的技术体系及标准规范，为全面提升我国道地药材研究、生产及保护水平，有效促进道地药材的科学生产及可持续利用，为人民群众安全用药及中医药事业健康发展提供了保障。

获奖情况

基于遗传与环境的道地药材品质保障技术研究　　　　　　一等奖

揭开"生命信息"载体的神秘面纱
——解析 30 纳米染色质纤维结构

姚婷 李国红
中国科学院生物物理研究所

说起 DNA，大家都知道它是生命的遗传密码，它以染色体的形式存在于细胞核。DNA 组装成染色体是一个多层级、高度有序的过程，其中要经过 30 纳米染色质纤维等中间载体。中国科学院生物物理研究所对 30 纳米染色质纤维结构的成功解析具有重大的理论突破意义。

俗话说"种瓜得瓜，种豆得豆"，生物具有遗传性，而染色质作为遗传物质的载体，其结构的解析吸引着众多科学家孜孜不倦的探究。研究表明，细胞通过调控细胞核内染色质结构（特别是 30 纳米染色质高级结构）的动态变化来有选择性地进行基因的激活和沉默，从而控制细胞自我维持或定向分化，进而形成复杂的组织、器官和生命体。30 纳米染色质高级结构的解析对"生命信息"建立和调控的分子机理研究具有重要的意义。

染色质的构象

DNA 是遗传物质，DNA 上 A、C、T、G 这四种碱基的排列顺序决定了生命的性状，这就是生命的遗传密码。

DNA 在人体内并不是独立存在的。细胞中有一类性质特殊的蛋白质——组蛋白，能够组装基因组 DNA 形成染色质纤维，并进一步折叠凝聚形成非常复杂的三维结构，把基因组 DNA 压缩到真核生物的细胞核内。生命体非常神奇，它通过染色质 4 级结构将 DNA 逐级折叠起来。第一级结构是核小体，这是 DNA 缠绕在组蛋白上形成的，其直径为 11 纳米。DNA 长链缠绕、连接着一个个核小体，就像是一串长长的珠子。

第二级结构是染色质纤维，它是由第一级的核小体"串珠"进一步堆叠形成的直径约为 30 纳米的纤维。第三级结构是染色质纤维继续折叠形成的超螺旋体。第四级就是染色体，它是超螺旋体再缠绕折叠形成的。在之前的教科书中，30 纳米染色质纤维被描述成一种以 6 个核小体为一圈缠绕形成的螺旋管，但是，这种模型并没有一个明确的结构生物学证据。长期以来，由于缺乏一个系统性的、合适的手段和体系，对于 30 纳米染色质纤维的高级精细结构组成在科学界一直具有很大的争议。

勇斗拦路虎——解析 30 纳米染色质纤维结构的难点

解析染色质纤维的高级结构有两个难点：一是"原料"很难获得。体内染色质结构具有异质性，例如不同的 DNA 序列和不均一的 DNA 修饰、各种组蛋白变体和组蛋白修饰，以及其他蛋白的调节（例如连接蛋白 H1 或者转录因子等），对结构的解析带来很多困难；二是观察手段的限制，即使科学家们可以得到比较均一的 30 纳米染色质纤维的样品，传统的晶体学方法或者电子显微镜的方法都很难得到这种纤维的结构细节。

关于"原材料"问题，科学家已成功于体外构建了具有均一结构的 30 纳米染色质纤维的实验体系，他们以包含多个重复核小体定位序列的 DNA 和体外纯化的组蛋

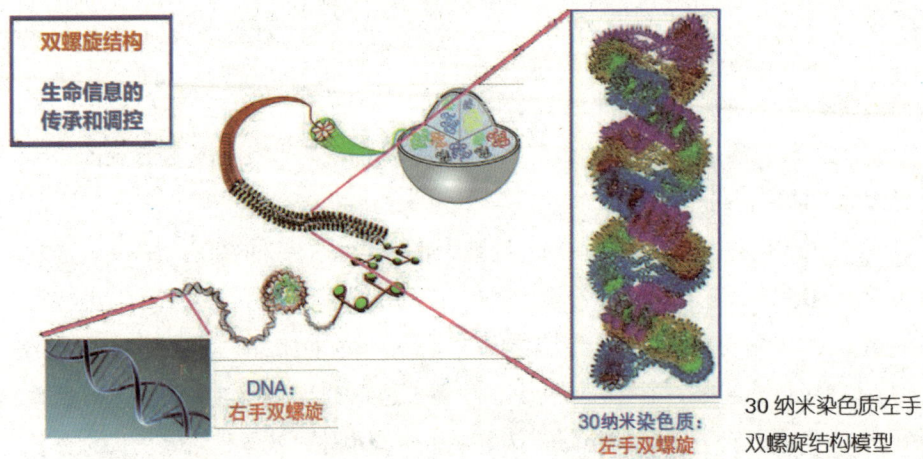

双螺旋结构
生命信息的传承和调控

DNA：
右手双螺旋

30纳米染色质：
左手双螺旋

30 纳米染色质左手双螺旋结构模型

白八聚体为原料，在体外通过梯度盐透析的方法成功获得了 11 纳米串珠状核小体，再通过加入组蛋白 H1 获得了具有更高级结构的 30 纳米染色质纤维。课题组为这一问题的解答提供了原料。

对于检测手段，通过近 30 年科学家们的努力，冷冻电镜单颗粒技术逐渐发展成熟，之后，冷冻电子断层成像技术也开始发展。冷冻电镜技术成为研究 30 纳米结构的一把利刃，使其结构的解析成为可能。

2014 年，课题组负责 30 纳米染色质的组装，朱平研究员负责冷冻电子显微镜的结构解析，通过单颗粒重构的方法成功解析了体外组装的 30 纳米染色质高级结构，解决了近 30 年科学家对 30 纳米染色质高级结构的争论。课题组在体外重构了 12 个核小体的串珠，通过向体系中加入 H1 使之形成 30 纳米染色质高级结构，利用冷冻电子显微镜得到了两个分辨率为 11 埃的 30 纳米染色质纤维结构。结构显示 30 纳米染色质纤维以 4 个核小体为结构单元；各单元之间通过相互扭曲折叠形成一个左手双螺旋高级结构。同时，该研究也首次明确了连接组蛋白 H1 在 30 纳米染色质纤维形成过程中的重要作用。研究论文的评审人评论说"30 纳米染色质结构是最基本的分子生物学问题之一，困扰了研究人员 30 余年"，该结果是"目前为止解析的最有挑战性的结构之一"，"在理解染色质如何装配问题上迈出了重要的一步"。2014 年 4 月 25 日（DNA 双螺旋结构发现 61 周年纪念日），*Science* 上以长幅研究论文形式报道了这一来自中国科学院生物物理所的重大成果。该成果已被若干本世界著名的最新版本生物化学和结构生物学相关教科书收录。

再下一城——染色质纤维关键中间态的解析

尽管，冷冻电子显微镜提供了 30 纳米染色质纤维的结构细节，然而关于染色质的结构还有不少问题需要去研究：关于染色质结构是怎么进行动态变化的，尽管 X 射线晶体学解析了单个核小体的晶体结构，冷冻电子显微镜解析了 30 纳米染色质高级结构，但它们都无法提供染色质结构动态变化的信息；同时，对于 30 纳米染色质高级结构中结构单元之内的力，结构单元之间的力到底有多大，对 30 纳米的形成贡献了多大的作用还不知道；另外，真核细胞细胞核内 30 纳米染色质纤维的高级结构是否存在？如果存在，是否与体外重构的 30 纳米染色质纤维有相同的结构？体内 30 纳

TIPS

600 倍

每个人身上约有 50 万亿个细胞，要是把人体内所有细胞的 DNA 全部连接在一起，其长度大概是太阳和地球之间距离的 600 倍。

2018

米染色质纤维的动态变化是如何调控基因转录的？等等。这些生物学事件都等着研究人员一一去解答。

中国科学院物理研究所 / 北京凝聚态物理国家研究中心软物质物理重点实验室从 2002 年开始逐步建立起以磁镊力谱和荧光光谱为主的单分子研究体系，在 DNA 凝聚、DNA 与抗癌药物作用、端粒四联体 DNA 折叠以及 DNA 解旋酶分子机理等多个课题中取得了系列进展。课题组与中国科学院物理研究所 / 北京凝聚态物理国家研究中心软物质物理重点实验室"强强联合"，瞄准染色质纤维动态结构这一难题开展研究。物理所的研究人员成功建立了高时间分辨 (2 毫秒)、高空间分辨 (1 纳米)、高通量并行测量 (100 个样品) 的单分子磁镊测量平台，实时跟踪和解析了染色质纤维组装的动态过程和力学基础，发现染色质纤维在折叠 / 去折叠的动态平衡中会形成一个稳定的四聚核小体结构单元，并揭示了四聚核小体的两种折叠路径；进一步的实验表明这个结构单元受到组蛋白伴侣 FACT 的调控。该研究首次实时跟踪和解析了染色质纤维结构动态调控的力学基础和动力学过程，文章发表后被 *Nature Reviews* 杂志作为封面进行引用和评述。

获奖情况

30nm 染色质纤维结构及其动态调控的分子机制研究	二等奖

"晶彩"世界的量子点发光技术

钟海政 柏泽龙 邹炳锁 北京理工大学
申怀彬 河南大学
李永舫 中国科学院化学研究所

量子点是纳米尺度的半导体纳米晶，别看它们尺寸小，本事可不小，这些小尺寸给半导体材料带来了许多新奇的性质，给世界制造了更加"绚丽"的色彩。

什么是量子点?

在宏观的自然界和微观的原子分子之间，存在十分神秘的纳米世界。纳米科学的概念于 1959 年由著名物理学家费恩曼提出。自 20 世纪 80 年代开始，纳米科学逐渐受到重视，经过 30 余年的持续研究，不断涌现出富勒烯 (C_{60})、碳纳米管、石墨烯、纳米二氧化钛等体系，在科学界不断掀起新的浪潮。量子点是处于很小的纳米尺度的半导体纳米晶，小尺寸给这些半导体材料带来很多新奇的性质，给世界带来了更加"绚丽"的色彩。

半导体材料是信息社会的基石，一般是由具有重复单元结构的晶体组成，其半导体性质是由重复单元的类型决定的。我们所说的半导体量子点，是由数百或数千个原

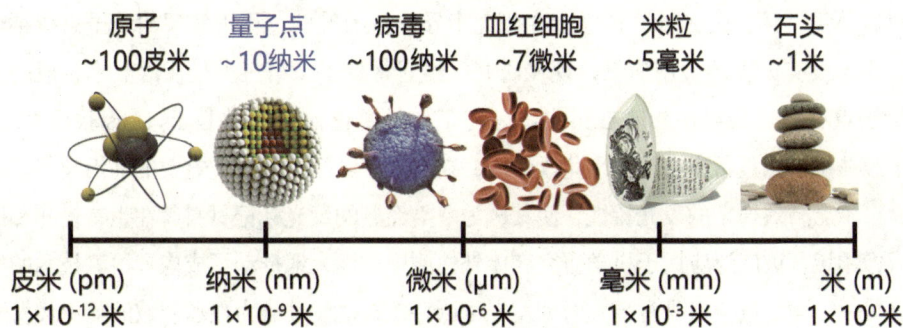

| 原子 ~100皮米 | 量子点 ~10纳米 | 病毒 ~100纳米 | 血红细胞 ~7微米 | 米粒 ~5毫米 | 石头 ~1米 |

| 皮米 (pm) 1×10^{-12}米 | 纳米 (nm) 1×10^{-9}米 | 微米 (μm) 1×10^{-6}米 | 毫米 (mm) 1×10^{-3}米 | 米 (m) 1×10^{0}米 |

量子点电视产品展示，右图为基于本项目成果的量子点电视样机

子组成、尺寸一般小于 20 纳米的半导体晶体颗粒。由于量子点的尺寸小，其晶体内部重复单元的数目有限，组成的能带结构发生很大的变化，表现出了物理学中的尺寸效应——量子限域效应。这就是为什么在纳米材料中引入量子的概念，这个概念比现在的量子通信出现要早得多。

量子点的合成与应用

量子点材料根据制备技术不同，可分为三类。第一类是在半导体真空外延生长过程中在衬底上得到具有岛状结构的自组织量子点，目前是实现激光和单光子光源的重要材料体系。第二类是苏联科学家在研究半导体掺杂玻璃过程中发现的量子点掺杂玻璃，由于没有太多的应用前景，现在研究已经非常少了。第三类是在溶液中合成的胶体量子点材料，最早由当时在贝尔实验室工作的哥伦比亚大学 Louis Brus 教授发现，由于胶体量子点具备丰富的物理化学性质，在部分领域已经形成了重要的前沿技术。例如，量子点高效稳定的发光特性，使其成为一类经典的荧光标记材料，在生物检测和医学成像领域，被广泛应用于科学研究和体外检测中，极大地推动了成像和检测技术的发展。另一方面，量子点具有窄发射和发光可调特性，这使其成为显示领域的新一代发光材料体系。利用光致发光的原理，量子点可与蓝光氮化镓芯片结合，共同构筑宽色域的液晶背光显示。与此同时，基于量子点的电致发光技术进展迅速，量子点电致发光的原型器件效率已经接近了正在商业化进程中的有机电致发光(OLED)技术，2017年京东方和华南理工大学分别发布了利用打印技术实现的显示样机。此外，量子点的家族不断扩展，I–III–VI族量子点、钙钛矿量子点、碳量子点等新材料的出现，为其应用研究提供了新的机遇，量子点已经成为学术界和产业界重点关注的热点领域之一。

发光二极管(LED)是当今信息产业最重要的技术之一。无机半导体LED已经形成超过5 000亿元的产业，2014年三位日本科学家因为氮化镓蓝光LED而获得诺贝尔奖。然而，基于有机半导体材料的有机电致发光技术(OLED)，正处于产业化阶段，已经在手机显示屏中得到应用。量子点具有更加优异的彩色品质和溶液加工的低成本特点，给LED技术提供了新一代材料。

量子点LED应用，可以分为光致发光技术和电致发光技术两个方向。光致发光应用可以分为两种形式：一种是利用量子点代替稀土荧光粉与蓝光氮化镓的LED芯片结合实现点光源；另一种是将封装有量子点的薄膜用于液晶显示背光源中，将蓝光光源转化为宽色域品质的白光背光，从而实现高色域、高亮度的液晶显示，这也是目前量子点电视所采用的通用路线。而电致发光显示应用是指利用量子点来代替有机电致发光的发光层材料，实现溶液加工的RGB三色主动发光显示器件。由于量子点LED技术并没有在发光原理上突破现有技术，因此量子点的应用主要是材料和器件结构上的创新。

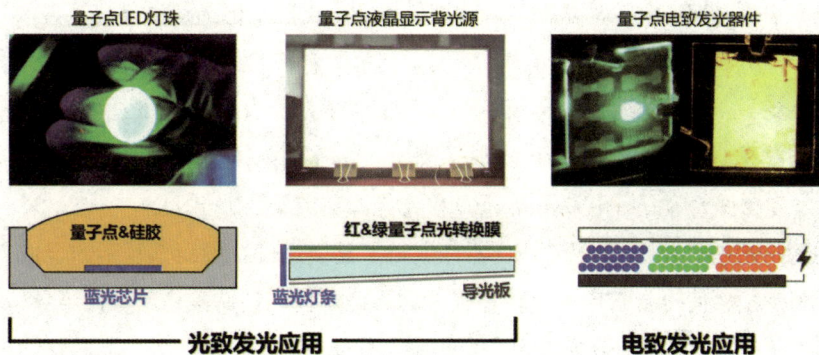

量子点LED灯珠　　量子点液晶显示背光源　　量子点电致发光器件

量子点&硅胶　　红&绿量子点光转换膜

蓝光芯片　　蓝光灯条　　导光板

光致发光应用　　电致发光应用

项目组在这一领域有 15 年的学术积累，针对高品质量子点 LED 应用，通过引入 Poly-TPD 空穴传输层，提升了硒化镉量子点 LED 的器件性能，拓展了低成本铜铟硫、钙钛矿量子点材料体系，实现了高性能电致和光致发光 LED 器件。

自加州大学伯克利分校 Paul Alivisatos 实验室 1994 年首次将量子点应用到电致发光 LED 器件后，有很长一段时间器件性能发展十分缓慢。所面临的首要挑战是如何提高器件的性能？而半导体器件性能的提升需要"材料、器件、物理"三方面协同研究，其中器件研究重要的限制是如何寻找适合量子点 LED 的空穴传输材料。为此，项目组利用美国太平洋纳米科技公司 (Ocean NanoTech) 王永强博士提供的高效率多色硒化镉量子点，通过引入 Poly-TPD 作为空穴传输层，解决了量子点发光层与空穴传输层的互溶问题，构筑了多色硒化镉量子点 LED 器件，通过优化量子点层厚度和 LED 器件之间的关联，大幅提升了器件的效率和亮度。此后，Poly-TPD 作为最经典的空穴传输材料被广泛应用，时至今日，大多数硒化镉量子点 LED 器件的里程碑进展都是基于 Poly-TPD 作为空穴传输层的器件结构来实现的。

高质量量子点材料的合成是提升 LED 性能的重要基础，而低成本量子点材料体系是实现商业应用的前提。早在 2005 年，研究团队就开始寻求合成方法简单且容易操纵的新型量子点材料体系，研究组中当时还在化学所攻读博士的钟海政，就开始拓展铜铟硫量子点这一研究体系，经过 12 年的研究，取得了系列进展。在国际上率先开展了铜铟硫量子点的可控合成、发光调控和白光 LED 应用。所发展的"一锅煮"制备技术，已经成为制备铜铟硫 (CuInS$_2$) 系列量子点的经典路线之一，在世界上率先实现了百克量级的小试放大，这一技术路线被美国洛斯阿拉莫斯国家实验室、瑞士联邦理工学院、加拿大拉瓦尔大学、法国原子能科学院、德国拜尔科技、美国 UbiQD 等国内外科研单位和科技型公司广泛使用。利用所制备的高质量量子点材料，发展出高显色性能、高效率的远程白光 LED 灯具，引领了量子点在白光 LED 的应用。同时，针对电致发光 LED 应用，项目组发展了高效、快速的配体交换技术，实现了高效率的电致发光器件，为制备电致发光 LED 白光光源奠定了基础。

尽管传统的硒化镉量子点 LED 器件取得了显著进展，然而其复杂的合成工艺和国际专利壁垒，使得未来产业化存在很大的不确定性。钙钛矿是新一代半导体材料，然而其本体材料（单晶、薄膜）的发光效率十分低下，获得高效率发光的钙钛矿量子点是发展其 LED 发光及显示应用的重要挑战。

针对上述问题，项目组在国际上率先开展了有机－无机杂化钙钛矿量子点的研究，通过研究钙钛矿材料在不同溶剂中的溶解性，发现了有机－无机杂化钙钛矿材料的"聚集诱导荧光"特性；发明了高荧光效率钙钛矿量子点的配体辅助再沉淀制备技术，在国际上首次报道了基于钙钛矿量子点的高显色性能白光 LED 器件；设计了"微乳液再沉淀"方法，解决了钙钛矿量子点提纯和清洗中容易破坏的难题，与加州大学洛杉矶分校裴启兵教授实现了高效率柔性电致发光 LED 器件。这些原创工作，引领了量子点领域的发展，现在已经成为国际研究的前沿热点之一，2015 年发表的代表性论文他人引用已经超过 600 次，同时部分技术已被转让给企业进行专利布局。

尺寸小却大有用武之地

除了目前已经商业化的量子点电视应用以外，量子点在未来显示、光源技术和新能源等领域都有巨大的应用潜力。

随着电子设备微型化、智能化和柔性化的发展，智能穿戴式设备正在蓬勃发展。在虚拟现实应用中，近眼显示是目前构筑虚拟三维世界的最主要手段，为了达到更加真实的虚拟现实体验，要求近眼显示设备具有高色域、高分辨率、高刷新率等特性，目前量子点电致发光 (QLED) 技术有望同时具备上述特性，而将高分辨率的 Micro-LED 器件与量子点转光组件相结合的方式，也是实现高性能近眼显示的可行途径之一。随着 QLED 技术的快速发展，有望在未来 3~5 年内实现 QLED 电致发光显示，并在上述领域中获得应用。

太阳能作为公认的清洁能源，将是下一代能源革命的主导。目前，科研界和产业界正全力提高光伏电池的光电转换效率和使用可靠性。而另一方面，以量子点为核心材料的太阳能聚光器可以制造出多彩的智能窗户，以透明或半透明的形式设计，把太阳光进行收集与硅太阳能电池集成，为太阳能建筑结合提供新的形式。

激光是现代光学发展的重要技术之一，基于量子点技术的激光器研究也是目前非常热门的领域之一。量子点光谱易于调控和高效率的发光性能使其成为下一代新型激光器的重要材料。同时，量子点较低的合成制备成本，也将积极促进激光器的微型化、集成化的发展。

TIPS

我们所说的半导体量子点，是由数百或数千个原子组成、尺寸一般小于 20 纳米的半导体晶体颗粒。

单光子源作为量子信息器件必不可少的部件之一，也是目前研究者和产业界关注的核心技术。目前，发展最为成熟的单光子源器件就是通过外延生长等方式制备的自组装量子点。而随着量子点的溶液制备和加工技术的发展，未来有望以低成本的溶液合成量子点作为单光子源，制备多波段、高效率、低成本的量子点单光子源阵列，为实现量子计算和量子通信提供新技术。

量子点以其优异的光电性能和灵活的溶液加工特性，在未来光电、能源和信息技术等各个应用领域都有巨大的发展潜力。在可以预见的未来，量子点将作为一种可溶液加工的新一代半导体材料，改变我们的生活。

获奖情况

| 胶体量子点的可控合成和高品质 LED 应用研究 | 二等奖 |

破解遗传密码
找到破坏牙齿的"幕后黑手"

韩冬 李芳 冯海兰 北京大学口腔医院

"牙好，胃口就好，吃嘛嘛香，身体倍儿棒！"可有一些人并没这么幸运，尤其是遗传性牙齿发育异常者，要饱受因先天因素导致牙齿疾病带来的痛苦。怎样从根本上预防、治疗遗传性牙齿发育异常，摸清病因机制研究是关键。

遗传性牙齿发育异常是一种常见于口腔科的发育性疾病，该病可以导致牙齿缺损、缺失及咬合异常等多种常见的口腔疾病，还可能伴有全身多器官的发育异常。北京大学口腔医院研究团队持续发现新基因和新突变，对认识该病的致病分子机制有重要的意义，并为今后在基因层面治疗该病打下基础。

牙齿和牙齿的发育

俗话说"牙好，胃口就好，吃嘛嘛香，身体倍儿棒"！牙齿作为重要的器官，和全身健康密切相关。牙齿可以嚼碎食物，是食物进入消化系统的第一步，有助于消化吸收，进而促进全身发育。世界卫生组织对"健康"的定义中有一条就是"牙齿洁白，无缺损，无疼痛感，牙龈正常，无蛀牙"。

牙齿的发育是一个复杂的过程。从遗传角度来看，遗传密码（简单理解为 DNA）决定了人体各个器官的发育。遗传密码会先告诉身体哪个部位要长牙，之后还要告诉身体"现在要开始出现牙的种子了""现在种子可以变成牙釉质、牙本质了"……在形成牙齿结构的过程中，还会精细调节牙齿的外形、长出时间等。如果决定牙齿发育的密码发生了变化，就会导致一系列的连锁反应，比如牙齿的种子丢失，从而缺失牙齿，或者在种子发育的过程中出现紊乱从而造成牙齿畸形、结构异常等。

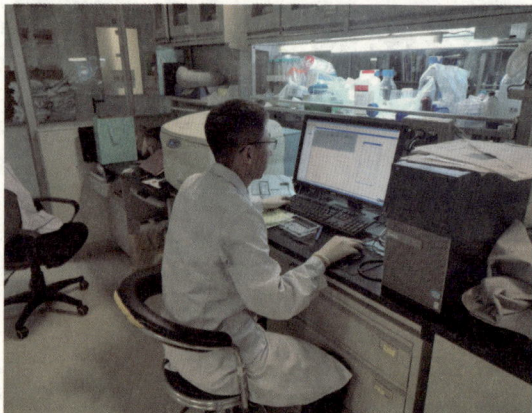

实验人员分析数据

什么是牙齿发育异常?

多数情况下，牙齿的疾病是由于人们后天的护理不到位造成的，但是，生活中我们可能看到过或听说过这样的情况：有人"天生"牙就没长全、牙齿形态奇怪或者颜色发黄发灰，这些疾病即为牙齿发育异常，包括牙齿数目异常、形态异常、萌出异常以及结构异常。根据是否伴有全身其他器官的异常，可将牙齿发育异常分为综合征型和非综合征型牙齿发育异常。伴有身体其他器官的异常时，我们称之为综合征型牙齿发育异常，即除了牙齿的疾病，还可同时出现毛发稀少、皮肤干燥、虹膜缺损、先天性脐疝等表现；不伴有身体其他器官的异常而只有牙齿的发育异常时，我们称之为非综合征型牙齿发育异常，也叫单纯型牙齿发育异常。

牙齿发育异常在人群中并不常见。2005年课题组吴华等发表了对我国6 453名17~21岁的青年学生的调查结果，发现锥形牙或桶状牙、融合牙、先天缺牙的患病率分别为5.10%、0.22%、6.90%。

牙齿发育异常受到遗传因素和环境因素的影响，相对于环境因素，遗传因素是牙齿发育异常更为重要的致病因素，即疾病是由患者本身的"遗传密码"决定的，这个"密码"终身携带，且可传递给下一代。

先天性牙齿发育异常有什么危害?

牙齿发育异常可以导致牙齿缺损、缺失及咬合异常等多种常见的口腔疾病。牙齿缺失会严重影响患者的咀嚼功能，且牙齿缺失处的牙床由于缺少有利的外界"刺激"往往变得窄而平，剩下的牙由于缺少相邻牙齿的支撑和制约常常出现倾斜等情况而造成咬合问题，加大了后续治疗的难度；伴有前牙的缺失或畸形时会影响外貌，因此还会造成患者的心理问题。

综合征型牙齿发育异常有全身多器官的畸形，如毛－牙－骨综合征患者有牙釉质及牙本质发育异常、毛发稀疏卷曲、颅面部骨质增厚；少汗性外胚叶发育不全患者有先天缺牙、毛发稀少、皮肤干燥、出汗不畅；Rieger 综合征患者有先天缺牙、面中部凹陷、虹膜缺损、先天性脐疝。这类患者不仅口腔颌面部的咀嚼功能、美观、发育受到了影响，还遭受着身体其他部位的异常带来的痛苦。

如何才能实现对先天性牙齿发育异常的基因治疗？

个别牙缺失的治疗相对简单，通过矫正的方法关闭缺牙处的间隙，或者通过常规镶牙或种植的方法补上缺牙的空隙即可。多数牙缺失和牙齿结构异常患者的治疗难度大、所需时间久、治疗费用高，常常需要从儿童期延续至成年期，而且由于涉及的牙病较多，需要多个口腔学科的综合设计和联合治疗。

目前对牙齿发育异常患者的治疗尚局限于"对症治疗"，如在牙齿缺失部位做种植牙、给形态异常的牙齿做牙冠纠正形态等。由于遗传性牙齿发育异常种类多、发病率相对低，因此病因机制研究尚不完善，而明确病因是早诊断、早治疗的关键，也是纠正错误的"遗传密码"，即基因治疗，是从根本上预防、治疗该病的前提。

实现基因治疗向我们走来

十余年来，课题组与北京大学基础医学院遗传系和首都医科大学附属北京口腔医院等单位合作，建立并持续收集和丰富了先天性牙齿发育异常患者病例资源库，记录并保存了超过600名先天性牙齿发育异常患者的临床资料及其外周血样、颊拭子、唾液、颌骨或牙齿来源干细胞等遗传资源。除此之外，课题组还拥有数十名综合征患者的全外显子测序数据，以及拥有 7 个转基因、基因敲除小鼠品系，并且上述重要的样品资源仍在持续增长中。该病例资源库是课题组的核心优势，是世界领先的资源库，是发现新基因、新突变的基础。

经过了十多年的潜心研究和探索，课题组首次在国际上发现并证实 *WNT10B* 基因是严重先天性缺牙的致病基因，并将之纳入人类孟德尔遗传在线数据库；首次提出 *WNT10A* 双等位基因变异对牙齿发育有明确的病理作用，并提出单纯型多数牙先天缺失有多基因的共同作用，证实了 *WNT10A* 与 *EDA* 基因共同参与了先天性缺牙的致病过程。课题组首次报道了中国人的毛发 – 牙 – 骨综合征和 *DLX3* 基因的新突变，首次

TIPS

牙胚的发生、定位，牙齿的形状、大小等均被基因严格地调节、控制，有200多个基因在牙齿发育阶段表达，目前已经证实其中一些基因的突变与牙齿发育异常有关。

将细胞衰老和表观遗传引入该综合征的研究中；首次报道了先天性缺牙可由 *MSX1* 基因的无终止突变导致，并发现百余例牙齿发育异常患者致病基因的新突变，扩大了基因突变谱。

在临床上，课题组潜心多年的研究成果可使牙齿发育异常患者达到"早诊断、早治疗"的目的，提高患者口腔功能、美观和生活质量。牙齿发育异常患者精确的致病基因突变信息的获得，可用于产前遗传咨询，有利于阻止该遗传病在家族内的传递，从源头上减少该遗传病的发生，为未来利用基因、蛋白和药物等治疗该病提供了精准的信息。

获奖情况

遗传性牙齿发育异常致病新基因的确认及分子机制研究　　三等奖

永不消逝的"移动电源"

王中林 张弛 逢尧堃 北京纳米能源与系统研究所

有没有想过，有一天你可以通过收集自身运动产生的能量，比如把走路、肌肉收缩、呼吸、心跳等日常中的零碎能量收集起来，转换成电能，给你的手机或者其他设备供电呢？

随着科学技术的发展，移动电子设备越来越普及，已经成为人们日常生活中不可或缺的部分，而供电一直是制约其发展的"瓶颈"。试想一下，当你在给重要客户打电话时，突然手机没电了；当你演讲需要计时，电子手表不工作了……你是否想过，未来有一天通过身体的运动就可以给电子设备供电呢？

摩擦起电是一种众所周知的现象，是由接触引发的带电效应，即在一种材料与另一种材料发生摩擦的过程中，它会带上电荷。具有较强摩擦起电现象的材料一般都是导电性较差的或是绝缘体。但是，摩擦起电在生活中大多数被当作负面效应，直到最近才被广泛应用到机械能采集和自驱动机械传感器中。

理论源头：麦克斯韦位移电流

如果要追根溯源的话，现代人类社会快速发展所需的通信和微电子技术其实都来自麦克斯韦方程组。人们普遍所知的电磁波谱，其波段包括X射线、紫外线、可见光、红外线、微波、太赫兹波以及无线电波，这一切都归功于麦克

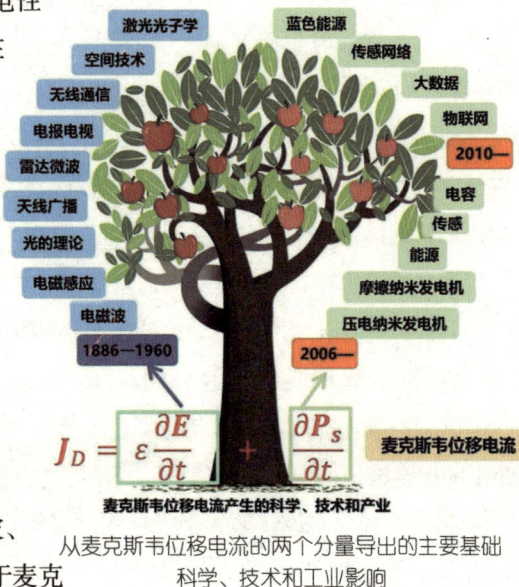

$$J_D = \varepsilon \frac{\partial E}{\partial t} + \frac{\partial P_s}{\partial t}$$

麦克斯韦位移电流

麦克斯韦位移电流产生的科学、技术和产业

从麦克斯韦位移电流的两个分量导出的主要基础科学、技术和工业影响

斯韦方程组给出的理论支撑，有了麦克斯韦方程组的理论支撑，才会有现代的收音机、电视、雷达和无线通信等技术。

麦克斯韦电磁学理论中，位移电流主要由两项组成。第一项不但统一了电场和磁场，同时预言了电磁波的存在，奠定了无线通信的物理基础。第二项最近被发现是纳米发电机的根本理论基础和来源，由此可引导出位移电流在能源和传感方面的重大应用。

从 2006 年至今，位移电流第二分量基于媒介极化的特点催生出压电纳米发电机和摩擦纳米发电机的兴起，极大地推动了新能源技术和自供电传感器技术的发展。

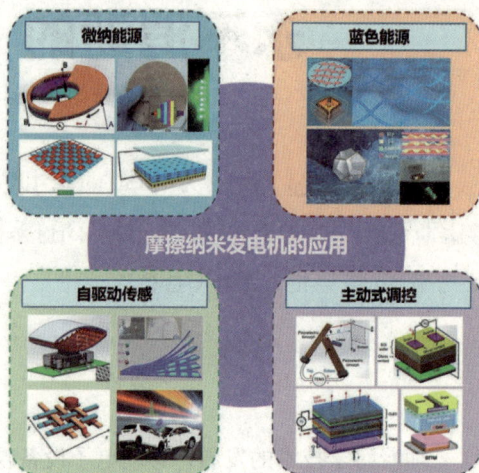

摩擦纳米发电机的四个主要应用方向

摩擦纳米发电机可以用在哪?

摩擦纳米发电机 (TENG) 的发明是机械能发电和自驱动系统领域的一个里程碑式的发现。这为有效收集机械能提供了一个全新的模式。迄今，TENG 的面功率密度可达 500 瓦每平方米，而瞬时的能源转化效率高达 70% 左右。研究组通过实验验证，如果剩余振动的机械能都可以被收集到，那么可以得到高达 85% 的完全能源转换效率。研究组还建立了测量 TENG 输出性能的标准。TENG 可以用来收集我们生活中原本浪费掉的各种形式的机械能，包括人体活动、走路、振动、机械触发、轮胎转动、风能、水能等诸多形式的能量。这些是 TENG 作为微纳能源的第一个主要应用。

TENG 还可以用作自驱动传感器来检测机械信号。其中，可以用开路电压信号来进行静态测量，用短路电流信号来进行动态测量。这种机械传感器在触屏和电子皮肤等领域具有潜在应用。这种传感器也不需要外部电源来驱动，因为它是靠机械触发所产生的电学输出作为检测的信号。

如果把多个 TENG 单元集成到网络结构中，那么它可以用来收集海洋中的水能，可以为大尺度的"蓝色能源"提供一种全新的技术方案。相比于传统的电磁感应发电机，同体积的 TENG 在低频机械能的收集上具有超高的效率，所以它在海洋能源即"蓝色能源"的收集上具有极大的优势和独特的应用。

除此之外，TENG 还可以作为控制源用来调控电子器件，例如它摩擦产生的高电压作为场效应晶体管（MOSFET）的栅极电压来控制晶体管两端的输出电流。这种控制方式在人机交互界面、可穿戴器件、化学检测等领域具有重大的应用价值。

总结起来，TENG 有四大应用方向：微纳能源、自驱动传感、蓝色能源和主动式调控，它们为实现集成纳米器件和大规模能源供应打下了坚实的理论和技术基础，并将应用于物联网、卫生保健、医药科学、环境保护、国防安全乃至人工智能等诸多领域。

开启新时代能源大门

21 世纪以来，物联网成为新一代信息技术的重要组成部分和发展阶段，被称为继计算机、互联网之后世界信息产业发展的第三次浪潮。物联网是将互联网和世界各地的任何东西（如航运对象、货物运输商和人等）链接起来的技术驱动力，需要广泛分布的传感器如射频识别、红外感应器、全球定位系统、激光扫描器等信息感知设备，而驱动这些数以亿计传感器的能源供应是亟待解决的问题。通过从工作环境收集能量（如风、摩擦、声波、超声波、生物活动）使设备自供电，并可持续地操作和运转，TENG 有以下优点：低频下的高能量转化效率、小体积低成本、多种工作模式、材料的多样性、多领域应用等，并将在微纳能源收集、小型化传感器和未来物联网等方面得到广泛的应用。

中国科学院北京纳米能源与系统研究所首席科学家王中林教授首次提出了信息科学和物联网领域的"四化"：微小集成化、无线移动化、功能智能化、全自驱动化，其中第四化支撑前三化。首先，在过去的半个世纪中，电子产品的小型化一直遵循摩尔定律，即芯片上的器件数量每 18 个月就翻倍。固

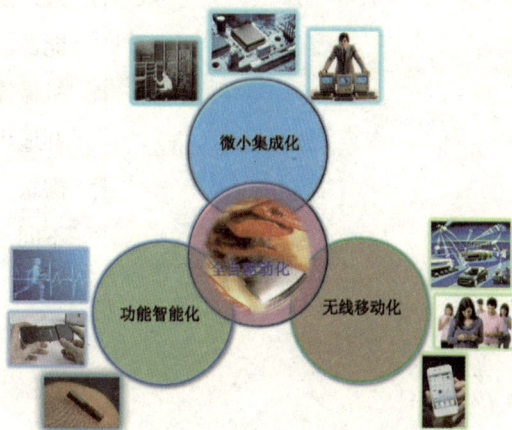

信息科技的主要发展总结：计算机通信技术、网络技术及新兴领域

TIPS

物理学历史上认为牛顿的经典力学打开了机械时代的大门，而麦克斯韦电磁学理论则为信息时代奠定了基石。

态电子器件使得在单个芯片上集成许多组件成为可能。集成电路为提高可靠性、减小尺寸、提高计算速度、降低功耗等提供了基础。其次，下一个革命性的进步是无线移动通信技术的发展。通过基于光纤的信息传输和计算机科学相结合，互联网的发展已经改变了世界的每一个角落。近年来的人工智能和大数据的出现，更使我们进入了功能和智能的时代。有一点可以确信，那就是没有能源供给，所有的电子设备都无法工作。因此，能够使移动电子设备自供电，使系统可以连续地、无中断地操作，既是物联网的迫切需要，又是现代信息科学的一个巨大的驱动力。

2017年3月，王中林教授首次提出了新时代能源（the energy for the new era）的概念，指出 TENG 作为电磁感应发现180年后出现的技术所提供的能量是与风能和太阳能并列的新能源，是物联网、传感器网络与大数据新时代的能源。电磁感应发电机是20世纪唯一可用的机械能收集技术，而现在 TENG 的发明可以互补地用来解决未来微型网络和宏观网络的能源需求。TENG 的发明将使技术方法的选择有所不同，将承担物联网时代能源供给者的作用。

获奖情况 摩擦电子学调控机理与功能器件研究 二等奖

超快光谱
——揭示自然折叠起来的秘密

孙飞 赵继民 中国科学院物理研究所

几乎所有重要的物理规律，都是以"与时间起舞"的动力学形式加以展示，演奏着自然的神秘韵律：无时间，不科学。

逝者如斯，不舍昼夜。时间如流沙一般不停顿地从过去流向未来，时间之流不知使得多少往事蹁跹，都沉淀成了一张张发黄老照片。

从伽利略、开普勒、牛顿等科学家先驱开始，人们就从记录物理过程中获得了巨大灵感，揭示了宇宙深奥而简洁的秘密。多少传奇故事，多少普适科学，都以时间为背景，展示其婀娜旖旎：几乎所有重要的物理规律，都是以"与时间起舞"的动力学形式加以展示，演奏着自然的神秘韵律：无时间，不科学。

精密的时间之"尺"

时间是否有类似的"尺子"呢？没错，钟表！但对于热爱追求极限的人来说，依然远远不够。一个典型的例子就是动画片的进化史，对于"60后""70后"的人来说，大多都有看翻页小人书的记忆。当你迅速翻动书页时，原本静态的图像就动了起来，这就是最原始的影像。事实上，每张静态的图停留的时间大约是零点几秒，让人产生运动的视觉错觉效果。随着技术进步，这个时间被压缩到零点零几秒（现在的高清

水滴入水面的瞬间（图片来源于网络）

电影一般是24帧，也就是一秒钟有24张图片闪过），运动的效果就变得更流畅自然，不再有卡顿的感觉。现在最先进的高速摄像机能达到每秒上万帧的记录速度，也就是在0.000 1秒的时间里面就能拍下图片，也正得益于此，我们才能有很多特别有冲击力的瞬态画面。

传统相机都是依赖快门开关一瞬间曝光得到照片，它能够记录的时间就是快门开关那一下所需要的时间。如果把高速相机比作一把"时间之尺"，机械快门开关时间的极限就是这把尺的测量极限。虽然这个速度在常规需求中已经足够"高速"，但还远远不能满足科学家们的胃口。

科学家们究竟想要多快的"时间之尺"呢？答案是，越快越好，最好能够看到每个物体内部原子甚至电子是如何运动的。这些过程通常发生在惊人的十万亿分之一秒。显然，我们需要完全不同的原理才能打造一把如此精密的"时间之尺"。好在科学家们足够聪明，想出了一个绝佳的办法。

如下图所示，小黑人和小白人一前一后在跑道上奔跑，两个人之间有个距离差。当小黑人到达终点之后再过一段时间，小白人也将到达终点。小白人跑得越快，两者的间隔时间就越短。要想让这个间隔时间足够短，就需要小白人跑得足够快。在自然界中，跑得最快的"小白人"，莫过于光了。光速是每秒三亿米，如果开始距离差是一米，这个时间差就是三亿分之一秒；如果开始距离差是万分之一米（这个距离用游标卡尺就能测得出来），那么这个时间差就是惊人的三万亿分之一秒！科学家们正是基于这个原理，利用脉冲激光设计了这把精密的时间之"尺"：利用两个激光脉冲代替上面的小黑人和小白人，通过精确地控制二者距离差，获得一个皮秒（万亿分之一秒）乃至飞秒（千万亿分之一秒）的时间间隔。因为这个时间实在是太快了，所以科学家们把它叫作超快激光，利用超快激光，科学家们发展了一套成熟的超快光谱技术。

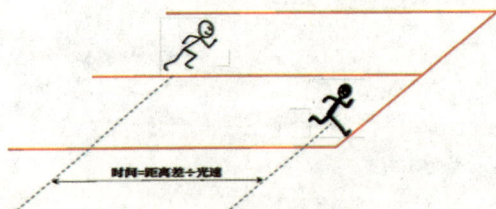

时间=距离差÷光速

超快时间之"尺"的原理

时间之"尺"——超快光谱的应用

超快激光脉冲在医疗、微加工、光电子等领域都有非常广泛的、巨大的应用，在科研领域更是发挥着无可替代的作用，涉及物理、电子、化学、

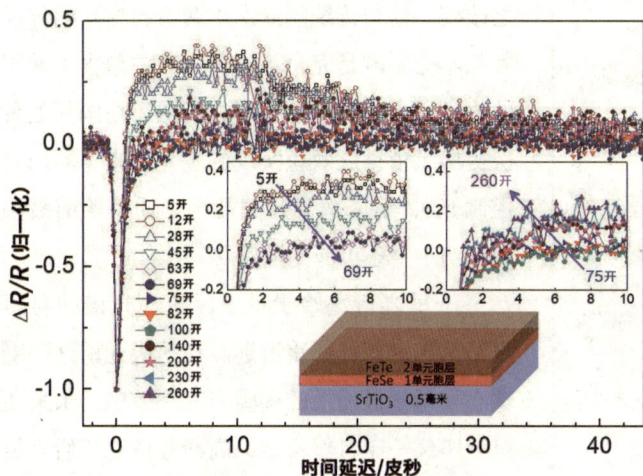

单层 FeSe 超导的超快动力学证据

生物等基础自然科学领域。1999 年，美国化学家泽维尔利用飞秒光谱学对化学反应过渡态的研究获得了诺贝尔化学奖。事实上，对于超快时间尺度的科学研究，超快光谱实验技术是目前的唯一手段。来自中国科学院物理研究所的研究团队在赵继民研究员的带领下，经过多年积累，利用超快激光这把时间之"尺"，在一系列量子材料的基础物理性质的研究中取得了诸多原创性成果，让中国物理学家在国际超快光谱学研究领域中占据了一席之地。

超导体（零电阻）是目前物理学研究最前沿的领域。超快光谱的技术，在超导体的研究中有重要的应用。该团队经过多年的摸索，成功在一种新型超导体单层 FeSe 薄膜中发现了超导转变的微弱信号。所谓单层，指的是这种材料的厚度只有一个原子层，可想而知，它产生的光学信号有多么的微弱！经过严谨的实验设计和精细的实验分析，不仅探测到了有用的微弱信号，还分辨出其中详细的与超导相关的物理内容，成为国际上第一个该体系的超快光谱学研究。

研究团队取得的一个重要的结果，是利用激光产生了人耳可分辨的声音。经过细致的对比试验，证明了该现象产生的物理机制是通过光把能量转换为热，再由热与周围环境的空气相互作用，进而产生声音。而解决这个物理机制的关键，正是利用时间之"尺"的独特优势，分析了几个过程持续的、时间精密的比对实验中测量的时间结果。这也是国际上第一次观察到类似的现象，此前还从未有过利用光对声进行调控的先例。

另一个非常有意思的研究成果，是利用激光产生了非常漂亮的调制花案。这是一种叫作空间自相位调制的光学现象。有趣的是，如果用两束颜色不同的光来进行实验，你会惊讶地发现，当你改变其中一束光亮度的时候，另一束光产生的环状图案也会随

TIPS

0.000 1秒

现在最先进的高速摄像机能到达每秒上万帧的记录速度，也就是在0.000 1秒的时间里面就能拍下图片。正得益于此，我们才能有很多特别有冲击力的瞬态画面。

之改变。这与传统的光学中两束光在空间传播互相不会影响是完全不同的，其中包含了深刻的物理原理。基于此，研究团队还在国际上首次提出了依据此效应实现的全光开光（即用光控制光），给未来光开关乃至光通信等前沿领域指明了一条可能的道路。

千里之行，始于足下，超快光谱的科研之路遍布荆棘，任重道远。在超快光谱这一凝聚态物理学最前沿的实验研究领域中，未来还有一座又一座自然科学的高峰等待着科研人员攀登和翻越。

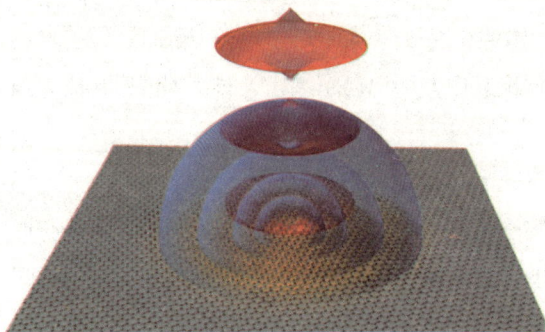

光生声

全光开关

获奖情况　　超快结构物质量子特性的超快光谱研究　　三等奖

2018年

北京市科学技术奖获奖项目

FLASH INNOVATION

创新在闪光 2018年

科技服务

行包 / 快邮做 CT 守护国门筑利器

杨东霞 金鑫

同方威视技术股份有限公司

出国旅游，要不要带点当地的特产回来？答案是必须的。各种酒、各种肉，还有水果和奶酪，带株花、装袋土，宠物也是新品种……这肉类、水果、植物、土壤、小动物可都是动植物检验检疫明令禁止携带入境的，这是为什么呢？

1929 年，美国水果圣地佛罗里达州的农场主们正遭受着史上最黑暗的时刻。眼看就要丰收的柑橘，在短短的几天内突然大片大片地腐烂脱落，20 多个县无一幸免。经过有关部门的调查发现，引起这次水果灾难的罪魁祸首是一种小飞虫——地中海实蝇。别看这种小飞虫体型比普通苍蝇小一圈，看起来柔柔弱弱的，人家可是横跨五大洲四大洋的旅行高手，出境游根本不在话下。地中海实蝇最早于 1842 年在西班牙被发现，随后便伴随着宿主水果混杂于船货、私人行李和邮件中开始了全球的征服之旅，每到一处带来的破坏都是触目惊心的。1863 年在意大利爆发的地中海实蝇危害了 100% 的桃子，之后 1907 年抵达夏威夷，1929 年引起美国佛罗里达州 20 个县 70% 以上的水果被感染……

地中海实蝇一旦爆发，控制起来极难，

因为哪怕有少量"漏网之鱼"都会很快死灰复燃。佛罗里达初次爆发地中海实蝇灾难后，为了将其根除，当地摘光了水果，喷洒含砷的蜜糖诱饵，动员了6 000多人参与，历时两年，终于在487平方公里①的感染土地上根除了地中海实蝇，然而此后，佛罗里达至少发生过10次地中海实蝇疫情。而美国加利福尼亚州，仅1980—1991年，就进行了超过10次的大规模根除行动，耗资高达1.5亿美元以上，但每次都是扑灭后一两年又重新出现。

除了地中海实蝇，还有像危害粮食安全、曾经引发中美贸易谈判的小麦矮腥黑穗病菌等病害；北美三裂叶豚草等杂草不仅危害农业，还会使人们患上花粉热。据报道，北美豚草已成为北京夏秋季主要过敏源之一，可以导致"枯草热"症，可造成过敏性哮喘、鼻炎、皮炎，严重的会并发肺气肿、心脏病乃至死亡。

疲惫不堪的动植检

外来物种引起的疫情疫病这么可怕，我们难道只能坐以待毙吗？当然不是！我们有动植物检验检疫（简称"动植检"）部门的保护！动植检工作的主要目的就是防止外来国家或地区有害动植物资源的传入、传出，以保护本国、本地区动植物资源的安全。目前我国动植检工作主要通过检疫人员开箱查验，X光机扫描＋人工判图以及检疫犬现场检查相结合的综合查验手段对进出口货物、行包、邮件、快件等进行动植物检验，以控制病毒或瘟疫传播，保证动植物安全和国民健康，维持经济和生态环境的可持续发展。

有了动植检的保护，我们真的就能高枕无忧了吗？先来看几个数据吧。2017年中国跨境进口零售电商贸易总规模突破1.5万亿元，同比增长25%；中国出入境人员总数达5.98亿人次，同比增长4.76%。这是什么概念？以国内某东部大型国际邮件中心为例，其日均入境包裹数量达6万多件，每小时查验数量超过7 500件！这个增长速度已经远远超出了目前动植检查验能力的极限，动植检部门一天高强度地工作下来早已累得"人仰狗翻"，但相对于待查验的货物量来说只是沧海一粟。

动植检工作面临的最大难题是什么？待检货物数量庞大；X光机扫描图像质量差，图像重叠难以分辨！判图员每天盯着电脑屏幕，在千万张图像中识别藏匿夹带的违禁品已是疲惫不堪。要对检疫官以及过检动植物的健康负责，查验设备辐射剂量要严格控制！总结来说，动植检查验工作的迫切需求就是：又要查验速度快，还要图像清晰，

---

① 1公里＝1 000米。1平方公里＝1平方千米。

能够自动识别违禁品，辐射还得足够小。这要求确实够苛刻的。

给行包 / 快邮做个全身 CT

针对动植物检验工作面临的这些难题，清华大学联合同方威视技术股份有限公司历经十余年的探索创新和不懈努力，为动植检工作量身打造了一套新型武器——双能 CT 动植物检验检疫智能查验系统。该系统的作用通俗地讲就是要给出入境的行包 / 快邮做个全身 CT，无须开箱，就能快速精准地查验各类箱包中的物品，迅速识别藏匿或夹带其中的违禁品。在这个系统面前，动植检工作中的上述难题全部迎刃而解。

项目团队首次提出了大螺距多排螺旋 CT 用于行包检查的新成像方法，率先突破了大层厚、快速连续扫描的核心技术，查验速度可以达到 1 800 件 / 小时，是 X 光机查验速度的 6 倍！

全新设计的三维 CT 成

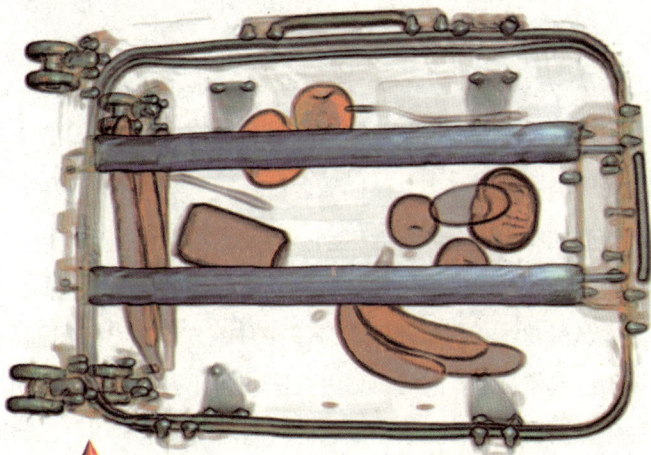

未经对比度增强处理的扫描图

经过对比度增强并弱化拉杆信息后的扫描图

2017 年 7 月，上海检验检疫局工作人员使用该系统进行现场查验

像算法可以快速建立行包内部精准三维结构，通过三维可视化、切片图像可以准确判断行包内部不同区域的物质形状、成分等信息，解决了传统方法对动植物无法有效识别的难题，让夹藏、走私无所遁形，极大地提高了动植物检疫查验的准确性。

动植物及其制品的快速智能识别是双能 CT 动植物检验检疫智能查验系统的核心技术之一。在现有的 CT 产品中，对于特定物质的识别与报警主要是利用双能 CT 重建得到密度、等效原子序数等物质属性进行分类识别。然而，检疫所关注的动植物和行包中的食品、日用品等同属有机物，通过密度、原子序数等物理属性很难将动植物违禁品同有机安全品有效区别。为此，项目组提出使用深度神经网络来实现动植物识别。然而在判图过程中还是会有许多的干扰信息，比如拉杆箱的拉杆等，都会干扰判图人员的视线。项目团队设计了一种检疫专用 CT 增强显示技术，最大程度上强化有机物的成像效果。同时，通过去除或弱化本领域查验人员所不关心的无机物、金属等物体，使查验人员能够在最短的时间内准确地辨识目标物体。

针对控制扫描射线剂量的问题，项目组开发了全新的图像重建技术，包括低剂量重建技术、余辉校正技术以及图像引导的非局部均值低剂量处理技术，可以在扫描剂量仅为原始剂量 1/3 的情况下，获得高质量的 CT 图像，并保持较高的密度分辨率和空间分辨率。

双能 CT 战果累累

耳听为虚，眼见为实，让我们来看一看双能 CT 动植物检验检疫智能查验系统的战果如何吧。2016 年 9 月 1 日，首套双能 CT 动植物检验检疫智能查验系统正式在上海空港口岸投入使用。从 9 月 1 日设备投入使用到 10 月 14 日，上海检验检疫局共对 7 301 批入境快件利用专用 CT 进行了精准查验。查验的货量从最初的日均 66 批次，猛增至日均 130 批次，环比增长 97%，并先后截获了动物源性饲料、冻干肉、违法夹

带动植物产品等货物。每批货物的
查验时间由原来的 1~2 小时缩短至 5
分钟。

随后，双能 CT 动植物检验检
疫智能查验系统迅速在全国范围内
投入使用，覆盖我国 23 个省市，查
验效果非常突出，帮助检验检疫人
员查获了多种非法入境物。2017 年
2 月 13 日和 20 日，重庆机场出入境
管理局利用专用 CT 机分别截获了非
法寄递入境的"验胎灵"；2017 年 5
月 23 日，长沙出入境检验检疫局邮
检办事处利用专用 CT 机从一个来
自法国的入境邮件中截获活体蚂蚁
792 只及蚁卵百余粒，经鉴定为工匠
收获蚁。这是湖南口岸首次截获大
批量活体蚂蚁，也是近年来全国口
岸单次截获活体蚂蚁数量最多的一
起案例；2017 年 8 月 3 日，央视新
闻频道再次报道浙江局杭州邮办利

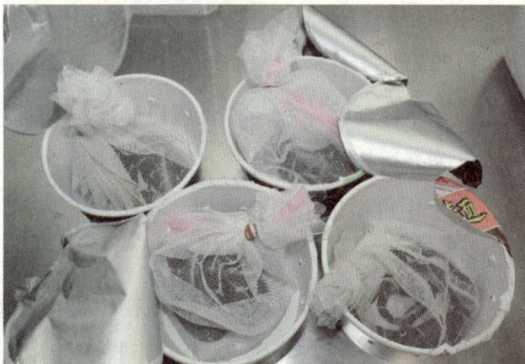

2017 年 8 月，厦门检验检疫局利用专用 CT 机截获装在
方便面桶内的 4 条活体马来西亚黄环林蛇

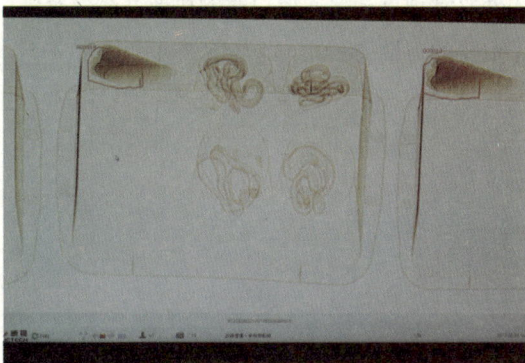

2017 年 8 月，厦门检验检疫局截获 4 条活体马来西亚黄
环林蛇的现场 CT 扫描图片

用专用 CT 机从德国、日本等国邮寄入境的邮包中连续截获非法入境的高风险菌种；
2017 年 8 月 9 日，厦门局利用专用 CT 机截获装在方便面桶内的 4 条活体毒蛇，经鉴
定为马来西亚黄环林蛇；2017 年 8 月 31 日，河南局邮检办利用专用 CT 在一个来自
马来西亚的挂号邮件中截获 4 只大型甲虫和 20 只蚂蚁，其中 3 只甲虫为标本，另外
1 只甲虫和蚂蚁均已死亡，经鉴定分别为南洋大兜虫和巨人恐蚁。

走出国门维护"世界和平"

随着双能 CT 动植物检验检疫智能查验系统效能的不断显现，国家质检总局对该

系统在动植物检验检疫中发挥的重要作用给予了充分肯定，并在《2018年进出境动植物检验检疫工作要点》中明确提出，要全面推行"检疫官—CT机/X光机—检疫犬（QCD）"综合查验体系，为重点口岸旅检和邮检查验现场配置一批查验CT机、查验一体机等高科技执法设备。此外，《全国动植物保护能力提升工程建设规划》（2017—2025年）中也做出了相应规划，要在"十三五"期间重点完成150个旅检口岸智能查验设备的配套。

本项目的成功研制改变了动植物检验检疫传统监管业务和查验模式，研究成果迅速转化落地，不仅在我国23个省市投入使用，还成功进入澳大利亚、荷兰等5个海外国家，投入当前世界亟须的出入境与邮包快递的动植物检疫应用，效果卓著，获得国际、国内高度赞誉与好评。该系统在全球范围内的良好推广应用，极大地促进了海内外监管现场和出入境口岸的快速、高效查验，为防止疫情扩散、维护生态平衡贡献了重要的力量。

获奖情况

双能CT动植物检疫智能查验系统关键技术开发及应用　　　　一等奖

36

遥感技术为
中国农业调查插上腾飞的"翅膀"

潘耀忠 张锦水 北京师范大学
李强子 中国科学院遥感与数字地球研究所
王文娜 国家统计局数据管理中心

"遥望齐州九点烟，一泓海水杯中泻"，唐代诗人李贺的《梦天》充满古人对俯视人间的无限遐想。而如今，遥感技术让这一愿望成为现实，并且在更多领域得到应用……

"十几年前，农作物面积调查主要采用人工调查方式，国家先抽中一定数量的样方，我们就带着草图和皮尺，到田间地头用皮尺丈量一个一个的样方。有的样方位于山里，有的位于河流对岸，所以我们要跋山涉水，才能完成调查任务。一年中野外工作几十天，真的很辛苦。看我这么黑，都是被晒的！"作为一名县级调查队农业统计工作人员，张浩对十几年来农作物统计调查技术翻天覆地的变化感触良多，"现在可不一样了，我们用上了遥感技术。天上有卫星，能够将我们全省的农作物种植情况照下来；空中有无人机，能够更加清晰地拍摄每个样方内各个地块的农作物种植

2017年6月，江西调查总队利用飞行无人机采集地面样方

37

情况。对于难以到达的样方，可以让无人机替我们飞过去'侦察'；还有手机和类似的移动设备，方便我们在地面采集点位，填写统计调查内容。这感觉就像在指挥作战，让人兴奋、激动，十分酷炫。"

让农业统计数字更具说服力

习近平总书记指出"重农固本是安民之基、治国之要"。我国是一个农业大国，更是一个人口大国，吃饭问题一直是我国政府关心的头等大事。而面对如此广阔的农业种植范围，传统的目录抽样调查方式费时、费力，更需要大量的人力投入，时效性差，无法满足"及时掌握作物种植现状、优化种植结构"的需要。

为此，从 2003 年开始，国家统计局组织北京师范大学、中国科学院遥感与数字地球研究所等国内知名科研机构，在国家重点"863"计划、产业化和高分专项等项目的支持下，发展了以"遥感"为核心的航天、航空与地面移动终端相结合的农作物面积统计调查技术体系，装备到农业统计调查队伍，在全国推广应用。在 10 余年的试运行与全行业推广使用中，已经促使我国农业统计调查工作由原先的"报多少是多少"转变成为"是多少报多少"，增强了农业统计数字的说服力。

卫星遥感让农作物种植尽收眼底

天上的遥感卫星如同一个插着翅膀的飞行机器，戴着可观察地球的眼镜，不分昼夜、不知疲倦地扫视着我们的地球，并通过数字化手段清楚记录地面的山水林草。这就是卫星遥感技术，它具有视野开阔、反复覆盖和"火眼金睛"等特殊技能。

卫星能够一眼看到地球上很大的范围，如我国高分一号卫星宽视场传感器一次扫描的范围宽度为 800 公里，在这样的视野范围下，面积为 1.64 万平方公里的首都北京，在卫星图像上只能占据一个小角落，而对于像黑龙江这样的农业大省，近 50 万平方公里，也被轻而易举地"一图览乾坤"；卫星绕地球运转的速度非常快，例如，高分一号卫星一天可以围绕地球飞行 10 多圈，宽视场传感器每 4 天就能够覆盖一遍整个地球，使得在一个生长季内，农作物可以被多次观察；遥感技术还能"透视"人眼无法捕捉的光谱波段，如近红外、热红外，甚至微波等，不同作物类型具有不同的谱段"基因"，而在遥感图像不同谱段上呈现出明显差异，它们可以用来准确区分不同作物。

利用遥感技术的这些特点，项目组发展了利用多期遥感影像进行农作物识别的方法。将遥感图像输入计算机中，利用机器学习的方式，根据农作物在不同时期呈现出的不同光谱特征，来确定冬小麦、玉米、水稻等作物类型，并精确掌握作物种植的分布。

航空遥感让测量精细到田块

我国农作物种植受到地形和家庭联产承包责任制等因素的影响，农作物区域分布破碎，类别多样且交叉种植。为此，课题组开发了适应于我国农业种植特点的无人机调查技术。无人机平台与卫星相比，虽然视域范围小了，但能够近距离地观测地面，观察得更清晰。如5厘米分辨率航片数据，能够准确地分辨出玉米和大豆的叶子。这样就可以更精准、高效地获取每个田块内的农作物类型。

利用无人机采集的航片数据获得水稻分布的情况

在2016年的第三次全国农业普查中，无人机遥感技术在全行业得到推广应用，上千台无人机翱翔在祖国的大地上空，精确记录下了每一个样方内的田块信息，成为我国农作物面积统计业务调查又一项高科技"利器"。

地面移动调查为天上观测保驾护航

天上的卫星距离地球几百公里远，存在"远视眼"问题，对有些地块内的农作物还是看不清楚。比如秋季的玉米、大豆，这"哥俩儿"从小到大的光谱都比较相似，这就需要借助地面移动调查工具对易混的农作物进行现场"取证"和"鉴别"。农作物面积调查体系发展了专门的野外移动调查测量车，装备了中心指挥系统、无人机和野外移动端。中心指挥系统相当于"大脑"，可调度无人机、野外移动端进行实地测量，实时回传测量结果，有效提高了地面移动调查的机动性和便捷性。

"接地气"的遥感技术让农业统计更具"智慧"

农业统计调查技术让遥感技术不再是"高大上"、停留在实验室的"真空技术"，而

是深刻地改造着统计行业，并与统计行业相互促进、共同发展的"接地气"的技术。现在我们能够看到农业统计的常态工作场景是这样的：卫星从穹顶疾驰划过，源源不断地将观测影像传到地面；农业统计遥感测量车奔驰在辽阔的大地上；无人机掠过农田，精细的地块和作物类型呈现眼前；轻触屏幕，近在咫尺的农作物信息悉数获取。

建立"三农"信息"一张图"，将"人""图""数"进行"时空"一体化的整合已经通过遥感技术实现。农业统计工作人员通过电脑分析遥感影像，利用无人机和地面拍摄，在电脑前就可以知晓农作物分布状况和种植面积，实现"智慧统计"，不仅缩短了调查周期，而且提升了调查精度。

现在，农业统计遥感调查技术已经在全国范围内推广应用，不但提高了农业统计调查技术水平和效率，同时形成的系列成果为保证农民利益提供了保障。如新疆棉花农业遥感调查数据已经成为给棉农种植补贴的重要依据；湖南等省份也以调查面积为基础为农户发放农业补贴，做到了有据可循、有理可依；同时，也让农业保险行业实现了"按图承保、按图理赔"，保证了农民的合法权益，为农民带来了实实在在的"红利"。

走出国门，尽显大国风范

随着"一带一路"空间信息走廊建设的推进，与遥感结合的农作物"智慧统计"已经走出了国门，输出农业统计遥感的"中国方案"，帮助那些技术落后的国家能够采用遥感技术进行农业监测，为世界的粮食安全保驾护航，尽显大国担当。2018年夏季，国家统计局已经前往东帝汶为他们"量身定做"农业统计调查方案。

遥感技术已经为中国农业统计调查插上了腾飞的翅膀，助力中国农业统计跨越式发展，也正在向其他行业领域推广，更是登上了国际舞台，让全世界听到了中国的高科技声音。

获奖情况　　主要农作物面积多维多尺度立体统计遥感调查技术创新与应用　　一等奖

守护乘客出行安全的"最强大脑"

邓红元 张楠乔 王陆意
通号城市轨道交通技术有限公司

纵横交错的地铁网络连接了城市中每个人社会活动的主要轨迹，成为人们日常通勤的首选。轨道交通作为城市交通的主动脉，市民对其服务品质的要求日益高涨：更长的运营时间、更快的行车速度、更短的发车间隔……

地面交通秩序依靠红绿灯来维持，那么地铁网络又是依靠谁来保障其有条不紊安全运行的呢？答案就是守护城市轨道交通运行的"最强大脑"——信号系统。它提供了最短90秒的列车追踪间隔，保障了车与车之间高密度行驶下的运行安全，默默指挥着这座城市的轨道交通运行。

轨道交通信号系统进入自主化时代

信号系统是城市轨道交通的"大脑和中枢神经"，负责控制整个城市轨道交通系统安全、可靠、高效运转，在轨道交通系统中具有举足轻重的地位。随着计算机技术、通信技术和控制技术的飞速发展，列车运行控制系统采用无线通信技术代替传统简易信息传输手段，并融入了

依靠无线通信技术实现了车与车之间的连续跟踪运行

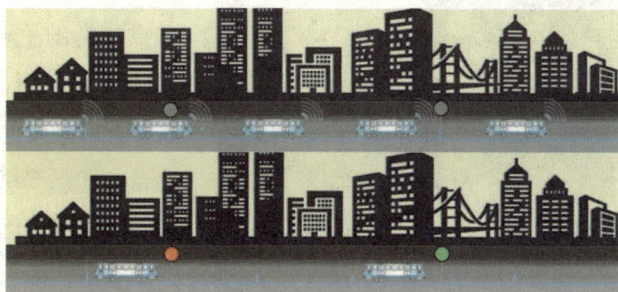

先进的信息技术和自动控制技术，实现了基于无线通信的列车运行控制系统，简称 CBTC 系统。然而，这种先进的控制技术长期以来一直被牢牢掌控在外商手中。

在城市轨道交通建设中有轨道、线路、车辆、综合监控、通信、自动售检票系统、站台门、乘客向导系统等大大小小十几个不同专业。CBTC 系统是在与这一系列专业接口后，通过复杂的运算实现精确、可靠的工作。CBTC 系统能自动调节列车的运行速度，保护列车在安全的速度下自动驾驶列车加速、惰性和减速运行，在站台自动控制列车车门与站台门精确对准停车。最重要的是，CBTC 系统能够在保证安全的前提下，让列车运行间隔越来越紧密，让乘客的候车时间越来越短，最大限度地发挥线路的运输能力，有效提高了客运量、减少了车站乘客拥堵的情况。开展自主化 CBTC 系统研究，是一项系统性工程，不仅要完成自身系统研制，还要实现与外部专业的对接，同时要适应用户多元化的需要。

CBTC 系统作为现代城市轨道交通列车运行控制系统的发展趋势，是广大轨道交通设备供货商的主要研究方向之一。中国通号于 2011 年开始研制 CBTC 系统关键技术及成套装备，以全面自主知识产权为前提，完成了全套自主知识产权的 CBTC 系统的创新研发，填补了国内在城市轨道交通领域的自主化全系统产品空白，标志着城市轨道交通领域进入了全

车载设备产品图

面自主化时代。

国产信号系统要"接上地气儿"

作为自主研发的国产信号系统，就是要接地气儿。为此，课题组在产品研发阶段充分汲取了全国各类地铁项目中的宝贵经验，广泛收集了来自地铁建管方、运营方的客户需求，并进行了充分的市场调研，创建了包括乘客、司机、调度人员、维护人员等在内的一系列用户画像，筛选出了基本的 CBTC 系统用户需求。

例如在车载机柜研发过程中，课题组将原型产品拿到现场给负责地铁维护的工程师们加以介绍，工程师们提出，为了美观，以前的机柜走线都在设备背面，可是机柜背面都藏在车体里，操作难度非常大。为此，课题组与相关关键用户进行了深度沟通，综合了包括地铁司机、车辆维护工程师等多方意见，最终将设备走线调整到了机柜正面，满足了用户的实际需求。

在深入调研用户需求的同时，研发团队还参考国际通用的系统标准，合理运用既有的成熟列车运行控制技术，从全局视角思考系统研发方向，确定了系统架构以及各项关键技术，开发出适用于 CBTC 系统的安全进路控制技术、保护区段触发及办理技术、列车自动折返控制技术等，并申请一系列发明专利，最终完成了全套自主化 CBTC 系统的创新研发。

我国轨道交通信号系统史上的重大突破

中国通号完整自主知识产权的 CBTC 系统，采用国际通用标准，突破了"引进－消化－吸收"的传统研发模式，完成全套自主知识产权的 CBTC 系统创新研发，核心安全产品取得了国际独立第三方最高安全完整性等级（SIL4）认证。

在基于广泛的市场调研基础上，国产 CBTC 系统在车地无线通信上是行业内首个基于 RSSP-II 铁路专用安全通信协议实现车地无线通信的 CBTC 系统，可有效保证车地通信网络安全；系统在进路办理、控制锁闭、解锁取消各控制环节实现了安全性与执行效率双高，满足了城市轨道交通运营密度大、追踪时间短的运输需求，较国外同类产品有较大的技术优势；系统基于双系双网冗余，具有优越的技术先进性和实用性；此外，该系统还具备高效的测试验证体系和全生命周期工程化工具，可大幅提高工程

实施效率和质量，以及设备可用性和维修效率。

自主国产化技术经得起实战检验

北京地铁8号线贯穿北京市南北中轴，是城市南北向的交通骨干线，工程特点可谓线路长、景点多、工期短、分段开、施工难，工程实施难度着实不小。中国通号迎难而上，将自主化CBTC系统应用于北京地铁8号线，最终于2011年12月28日顺利开通，运营至今信号设备稳定性表现优秀，在客流量高峰期仍能保证信号系统设备运行稳定、车辆运营情况良好。2015年12月21日，北京地铁8号线一、二期及昌八联络线CBTC升级项目顺利开通，更是缩短了运营间隔时间，使得首都人民的出行更加方便快捷。北京地铁8号线三期是城市南中轴线上的交通动脉，支撑并引导城市空间沿中轴线向南扩展，引导南苑边缘集团改造，是线网中南北向骨干地铁线路，将与北京地铁8号线一、二期工程共同构建贯穿中心城的轨道交通走廊，提高王府井、前门等大型商业中心轨道交通的服务水平，加强南中轴轨道交通服务水平，缓解南城地段交通压力，成为北京最长的南北向地铁干线。

室内测试平台

中国通号自主研发的CBTC系统为用户提供了灵活、可配置的系统解决方案，经受住了实战的检验，得到了市场的广泛认可。该系统突破了现有轨道电路行车运行间隔的"瓶颈"，最短可达90秒的追踪间隔，站台上的列车刚刚离站，后续的列车即可进站，大大提升了线路运量，快速、有效地提升了服务能力，从而提高了地铁运营的灵活性。这种高效的运行方式带来了极大的社会效益，截至2017年，共带来直接经济效益2.6亿元。

在国家城市轨道交通建设的热潮下，预计到2020年国内城市轨道交通总开通里程将达到6 312公里，高速、舒适、便捷的城市轨道交通将成为每个城市的靓丽风景线。具有自主知识产权的CBTC系统为每位旅客的出行提供安全可靠的服务和保障，相信未来将会为人们的安全、高效、舒适出行带来更多的惊喜。

获奖情况 全套自主化城轨列车自动控制系统（CBTC）在地铁的研发及应用 二等奖

法医 DNA 保障体系
让犯罪分子无所遁形

马温华 王乐 赵兴春
公安部物证鉴定中心

DNA 检测技术走上国产化道路，帮助公安案件侦破清除积弊，让罪犯无所遁形。

法医 DNA，对老百姓来说是一个既熟悉又陌生的字眼。说它熟悉是因为很多报道中提到 DNA 的检验鉴定为刑事或民事案件的侦破与处理提供了重要线索和证据；说它陌生是因为很多人对 DNA 检验鉴定的原理和发展并不完全了解。

搁置十年的毡帽上检测到 DNA

2013 年 6 月 5 日，四川省资阳市公安局召开新闻发布会，公安部督办的资阳 "2002.12.1" 持枪抢劫杀人案和陕西省宝鸡市凤县 "2002.8.30" 杀害武警执勤战士抢劫持枪案这两起悬了 10 年之久的重大连环持枪抢劫杀人案宣布成功告破。

2002 年 12 月 1 日，资阳四海实业公司女出纳员，在从金库取钱返回出纳室时，被一名男子开枪杀害，男子随后抢走现金 41.2 万元。当地公安机关高度重视，立即成立专案组，但由于当时的检验设备和技术没有达到所需精度，

TIPS

Y-STR

Y-STR 指 Y 染色体上的短串联重复序列。Y-STR 常用于司法取证、亲子鉴定和族谱基因检测。它取自 Y 染色体。Y 染色体是男性所特有，它们仅从父亲传递给儿子，同一父系内的男性通常有一致或者非常接近的 Y 染色体。

以及受通信和交通条件的限制，经过长时间的侦查和追捕，竟一无所获。现场提取的疑似嫌疑人物证只有一个摩托车头盔和路人捡到的皮毡帽。

10年间，资阳警方从未放弃此案的侦破。2013年4月，该案再次被列为重点督办案件。专案组首先以枪为线索，但10年间所有涉及枪支弹药的案件无一与本案有关。剩下的只有那两个仅有的物证了，于是专案组于5月14号将那顶皮毡帽送往公安部物证鉴定中心检验，并从毡帽上检测到一个男性DNA分型。经DNA数据库比对，发现了资阳市五通村一位农民梁某某。

案件有了重大突破，专案组经过审讯，梁某某交代了2002年8月30日在陕西省凤县将执勤武警战士曹某杀害，抢走81-1式自动步枪1支，然后有预谋地携带枪支潜回资阳市雁江区四海实业发展公司枪杀女出纳员，抢劫现金的事实。

这两个十年积案成功告破的突破口就是毡帽上留下的DNA，而检测用的试剂就是公安部物证鉴定中心自主研发的DNATyper™15荧光检验试剂盒。放置了10年的毡帽，期间也被检测过很多次，此次依然能从中检测到完整的DNA信息，这和技术专家的丰富经验以及所用试剂质量过硬是分不开的。

男性家系排查为案件提供重要线索

2012年8月30日，贵州遵义市凤冈县中心广场上发生了一起命案，受害者是当地小有名气的电视台主持人。由于案发时正下着小雨，现场没有目击证人，经过勘验，也没有找到作案工具等有用的线索，雨水的冲刷也让物证的检验鉴定工作难上加难。当地公安机关非常重视这个案件，但在侦查过程中几度陷入僵局，压力重重。

案发近两年后，为了进一步寻找线索，遵义市公安局抱着一线希望，将物证送至公安部物证鉴定中心展开检验，从受害人衣物上检验出一个男性个体的

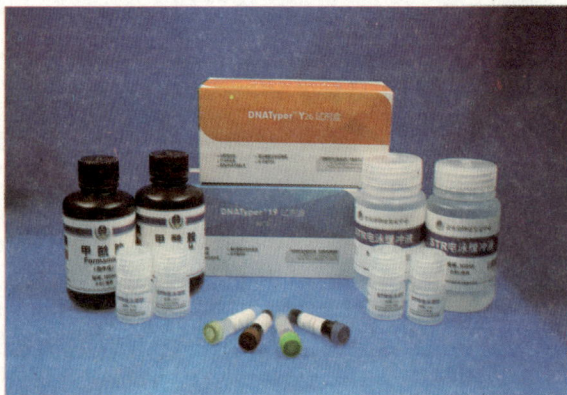

DNATyper 系列产品

Y-STR 分型。每个人都有一对性别染色体，男性是 XY，女性是 XX，其中 Y 染色体只能由父亲遗传给儿子，而且有一些信息是稳定遗传的，所以同一家族的男性 Y 染色体上的信息是相同或相近的。只有一个 Y 染色体的信息，

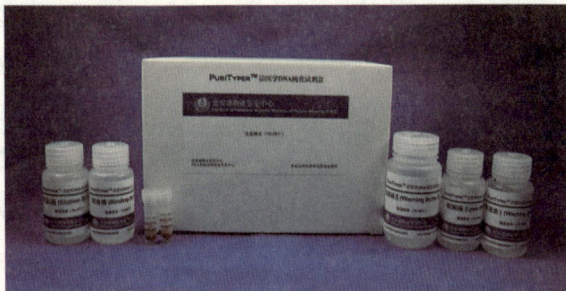
提取纯化试剂盒

并不能找到是哪一个具体的男性留下的，但可以知道是哪一个家族的男性留下的。2016年1月当地公安局将 1 578 份血样送至公安部物证鉴定中心检验，希望从中找到可能相同的男性家系信息。经 Y-STR 批量样本检验排查，发现当地一名男性刘氏家族的 Y-STR 与受害人衣服上检验出的 Y-STR 一致，为侦查工作指明了方向。当地警方根据这一重要线索通过进一步侦查，最终成功将犯罪嫌疑人抓获。

在家系排查中用的试剂也是公安部物证鉴定中心自主研发的 DNATyper™Y26 试剂盒。Y-STR 遗传标记在男女混合样本检验、父系家系排查等领域的技术优势日益凸显，公安部物证鉴定中心研发的 DNATyper™Y 系列试剂盒，目前已得到广泛应用。

我国法医 DNA 的发展历程

在 20 世纪 80 年代，法医物证学的主要手段是血型和酶型鉴定，鉴定结果只能用于个体排除，而不能认定。1985 年英国遗传学家将 DNA 指纹技术引入人类个体识别领域，实现了个体的直接认定。法医 DNA 检验技术的出现使得个体同一认定和亲子鉴定实现了从否定、排除到认定的飞跃。针对这一崭新技术，公安部物证鉴定中心于 1987 年立项，于 1988 年在国内率先发表科研成果，于 1989 年将该技术应用于国内案件检验。

"八五"期间，我国的法医 DNA 技术由起步进入快速发展阶段，取得了一批成果，建成了一批实验室，培养了一批青年专家，为法医 DNA 技术的后续发展奠定了人才和技术基础。"九五"期间，我国法医 DNA 检验技术取得了一系列新的重要进展。1993 年，第一个商业 STR 试剂盒面世，DNA 检验技术更加规范和标准化，尤其是荧光 STR 复合扩增技术的应用使 DNA 检验技术进入了一个新阶段。

尽管我们掌握了诊断技术，但诊断过程中所使用的试剂一直依赖进口，巨额经费

DNA 大楼：国产 DNA 试剂的研发生产基地

支出成为制约我国 DNA 检验工作发展的"瓶颈"之一，特别是使国内 DNA 检验工作的规模化发展和数据库的建设受到了严重制约。因此，自主研发 DNA 检验试剂，是我国摆脱对国外产品依赖、变被动为主动的唯一出路。基于此，公安部物证鉴定中心于 2001 年在国内率先申报并开展国家"十五"科技攻关项目"法医学 DNA 检验试剂研制"，展开了国产 DNA 试剂的攻关研究工作。在不到三年的时间里，课题组先后攻克了十多项关键技术，并最终成功研制出稳定可靠并符合法医学 DNA 检验要求的 DNATyper™15 试剂盒，该成果被称为我国公安科技史上的里程碑。

国产 DNA 试剂的成功研制，改变了多年来我国依赖进口产品的被动局面，降低了检验成本，推动了我国法医 DNA 技术的发展和 DNA 数据库的建设。

我国法医 DNA 的未来发展

三十年很短，在人类的历史长河中转瞬即逝；三十年也很长，法医 DNA 技术在三十年间发生了翻天覆地的变化。从最初的 DNA 指纹技术发展到 PCR 技术，从单一位点的 DNA 扩增到多个位点的复合扩增；从银染法检测到荧光法检测；从依赖进口检验试剂到自主研发国产检验试剂，再到自主研发高精密检测仪器……在不远的将来，相信更多检验技术将为法医遗传学带来新的变革。法医 DNA 技术将进一步在依法打击犯罪、维护司法公正、化解社会矛盾等方面发挥重要作用。

获奖情况	公共安全生物物证检验系列试剂研制与示范应用	三等奖

开车想省油？ 生态驾驶有妙招

赵晓华 荣建 伍毅平 李振龙 北京工业大学

王振华 中国航天系统工程有限公司

唐飙 北京金银建科技发展有限公司

刘莹 北京交通发展研究院

魏玉瑞 北京节能环保中心

有的人开车省油，有的人开车费油。那怎么样才能养成开车省油的好习惯呢？

随着"汽车时代"的来临，出行变得更为便捷。然而，随之而来的还有巨大的能源消耗和空气污染。2016 年，北京市交通领域能源消耗量占全市能耗总量的 18.9%；机动车排放的 PM2.5、氮氧化物和挥发性有机化合物分别占全市排放物总量的 22.2%、58% 和 40%。交通领域节能减排迫在眉睫。另一方面，对个人来讲，每月的养车和燃油费用也是一笔很大的开销。那有没有办法减少驾驶油耗和空气污染呢？

生态驾驶，开车省油的好方法

驾驶操作水平与车辆能耗密切相关。相关研究表明，驾驶技术水平的不同可造成行车油耗上 30% 的差异。因此，在 20 世纪末，芬兰提出"生态驾驶"理念，旨在希望通过缓慢加速、合理换挡、保持发动机经济转速、保持车速稳定、及时预测交通环境缓慢减速等驾驶

TIPS

OBD

OBD 中文翻译为"车载诊断系统"。这个系统随时监控发动机的运行状况和尾气后处理系统的工作状态，一旦发现有可能引起排放超标的情况，会马上发出警示。当系统出现故障时，故障灯或警告灯亮，同时 OBD 系统会将故障信息存入存储器，维修人员将借此迅速准确地确定故障的性质和部位。

行为，减少车辆油耗和排放。

生态驾驶不需要任何附属设备，只要开车时稍微注意刹车、离合、油门和挡位的相互配合，就能够达到良好的节能减排效果。西方国家的经验表明，生态驾驶至少可使燃油消耗平均降低 5%~10%，最高甚至可达 50%，同时也可减少 10% 的地面交通温室气体排放。

在目前车辆技术改进、清洁能源使用等方法难以短期内获得较明显的节能减排效果的情况下，生态驾驶行为是实现道路运输节能见效快且最现实的措施。如果能够将驾驶节能操作方法广泛推广，将能够有效减少能源消耗和污染物排放。

生态驾驶，需要更为有力的推广

目前，国外主要通过举行大规模宣传活动、节能驾驶培训和测试、反馈装置应用，以及市场激励或法律等手段宣传推广生态驾驶。我国生态驾驶相关研究和应用刚刚起步，目前主要以宣传册、视频等"静态政策"形式为主，宣传应用效果有限。市场上出现的驾驶辅助设备的节能功能也仅作为附属功能提供，展示急加 / 减速等不良行为的简单次数统计，行为评分结果未能与车辆油耗匹配。宣传生态驾驶建议也停留在定性层面，未能量化，对生态驾驶的效果、优点认识不足，驾驶员积极性不高。

驾驶模拟器

那么，有没有办法针对每个驾驶员分析个体驾驶行为倾向，定制性地给出节能驾驶建议，来帮助大家养成良好的驾驶习惯，减少油耗呢？

开车不节能？数据来"诊断"

就像去看医生，需要先"诊断"出问题出在哪里，才能有针对性地用药。驾驶也是这样，驾驶员想要做到减少油耗，首先要了解他费油的原因。

"诊断"的第一个问题是，哪些操作会影响油耗？自 2007 年起，所有的汽车都带有 OBD（车载诊断系统）接口，也就是车辆内置电脑的一个数据输出端口。通过 OBD 端口，能够实时获取到驾驶员开车时的油门、刹车、油耗等信息。将驾驶员的操作数据和车辆的实时油耗数据进行对比匹配，使用机器学习、图谱数据分析等方法，就能够了解到当驾驶员采取哪些操作的时候油耗就会增加，若能够避免或者采取另外一些操作就能减少油耗。

"诊断"的第二个问题是，对于不同的驾驶员来讲，到底他出现的高油耗驾驶操作是哪些？实时的数据分析能够指出各种操作的油耗高低。然而，驾驶员是无法实时根据这种"过于细节"的数据来调整操作的。因此，将这些实时数据转换为 9 种短时间内的驾驶行为，包括急加速、急减速、长时加速、长时怠速、低速行驶、良好匀速、良好起步、走走停停和良好刹车。统计每个驾驶员出现各个行为的频率，就能够了解驾驶员应该在哪些方面进行提升。

想提高技能？要对症"开方"

"诊断"之后，还要合理地"开方"，提供具有吸引力的驾驶技能提升建议，才能让驾驶员主动去节能驾驶。一方面，针对所"诊断"出来的高油耗操作，制定针对性的驾驶行为建议，说明在哪些操作上驾驶员应该着重注意、首先改善。

另一方面，从反馈建议的手段上，考虑

生态驾驶行为反馈优化 App 提供操作建议

驾驶员不同的个性特征，将驾驶员根据价值取向和目标取向分为四类，制定不同的反馈形式，提高生态驾驶吸引力，包括关注自身效益获得的自我型，可向其推送采取生态驾驶后节省油量和油费数据；关注公益获得的社会型，可向其推送采取生态驾驶后减少排放量；关注自身技能提升的学习型，可向其推送近期自身生态驾驶评分趋势；关注自己在用户中名次的竞技型，可向其推送近期生态驾驶得分排行榜。

"体验"＋"日常"，以多种方式来提升

生态驾驶的"诊断"和"开方"步骤已经完成，那么如何应用实施呢？有两种方式：一种是利用驾驶模拟器，通过高仿真的体验教学，帮助驾驶员学习生态驾驶技术；另一种是利用 OBD+ 手机 App，在日常的驾驶过程中，针对每一段驾驶旅途推送生态驾驶建议。

驾驶模拟器是一种高仿真的驾驶体验设备，操作设备与实车无异。将生态驾驶的"诊断"和"开方"技术嵌入模拟器中，并通过生动的语言提示，让驾驶员实际体验生态驾驶的每一个操作，身临其境地学习节能驾驶技能。

利用"互联网＋"技术，通过在车辆上安装 OBD 设备、在智能手机安装生态驾驶 App，便可以在日常生活中，实时了解每次驾驶过程中的高油耗操作，并获取对应的驾驶行为建议，进行日常生活中的生态驾驶行为学习和提升。

目前，该项成果已经应用于北京市出租行业超过 3 000 名驾驶员生态驾驶行为监测和培训、驾驶员职业资格智能化考评中，行业车辆测试平均能耗降低 4.46%~11.49%、排放减少 8.31%~11.69%；同时，支持北京市能源发展报告研制，为交通领域节能减排政策制定提供支持。此外，通过展会等形式，成果面向公众宣教惠及近 6 万人、国家工信部支持筹资 1.5 亿元在北京、黑龙江、江西、贵州等省市开展智能车载设备规模化应用，取得了显著的社会效益。

获奖情况

基于个体特征的生态驾驶行为感知－评估－反馈成套技术研究及应用 三等奖

风险管控让天宫一号"延年益寿"

杨宏 北京空间技术研制试验中心

随着我国载人航天事业的不断发展，如何让航天器可靠性更高、寿命周期更长是摆在航天人面前的重要课题。提升风险识别和控制能力成为航天器"延年益寿"的妙招！

中国载人航天工程总共分为"三步走"，即载人飞船、交会对接、空间站。天宫一号的成功发射标志着中国迈入载人航天"三步走"战略的第二步，它与神舟飞船的成功交会对接标志着第二步任务的圆满成功。

天宫一号：迈出国人移居太空的第一步

天宫一号空间实验室是我国首个长期在轨运行、航天员中短期驻留和实施组合体控制管理的载人航天飞行器，主要任务是作为交会对接目标，分别与神舟八号、神舟九号和神舟十号共3艘载人飞船进行交会对接并对形成的组合体进行控制，形成航天员在轨工作和生活、综合对地观测、空间科学实验、航天医学实验和空间站技术试验的平台，为我国建立长期载人空间站进行技术验证。

天宫一号与神舟飞船成功交会对接

随着我国载人航天事业的不断发展，载人航天器数量和技术水平不断提高，提高载人航天器的在轨可靠性和在轨资源的使用效率将成为未来航天技术领域的重点发展方向。通过提升载人航天器的风险识别和控制能力，能够有效延长航天器的在轨飞行寿命，降低航天器的在轨运行风险，产生巨大经济效益。为解决我国天宫一号等长寿命载人飞行器的风险识别与控制，须建立一套我国独立自主掌握的技术体系及方法。

天宫一号的风险识别与控制是以提高载人航天器安全性、可靠性为目标，以飞行事件为主轴，以静态功能、动态事件相结合的二维风险识别方法，全面识别天宫一号可能面临的风险，建立以固有可靠性设计为基础、以过程控制为保障、以地面覆盖性试验为检测手段、以自主安全模式实现风险在轨阻断、以航天员安全撤离为底线的全过程、全系统、全要素、全寿命周期的风险管控体制，有效地阻断和降低航天器的风险。所提出的方法保障了空间实验室任务的圆满成功，安全性指标高于0.997、航天员出现危险的概率低于 10^{-4}，成功将天宫一号在轨寿命从预期的 2 年提高到 4 年 5 个月。

动静结合消除隐患

针对复杂航天器风险识别不全面的难题，课题组提出了基于静态故障分析和动态飞行事件保证链相结合的二维风险识别方法，彻底消除了天宫一号在轨灾难性故障隐患，实现了天宫一号首发成功和在轨稳定运行。

在传统故障分析的基础上，确定并分解飞行任务，运用二维识别方法，可实现对航天器从发射开始至末期离轨段所有关键飞行事件进行全系统、全过程、全时段的风险分析，覆盖各功能系统的每个动作、每条指令、每项事件与具体保证措施的传递、链接关系，实现系统全覆盖、过程无间断、时段有衔接。以确保每一个飞行事件成功为目标导向，开展技术风险识别、故障分析。

通过二维风险识别方法，将技术风险识别工作与天宫一号飞行过程深度融合，就可发现以往静态风险分析难以识别的风险。这一方法从天宫一号共 60 项关键飞行事件中识别出 735 种故障模式，全面定位了天宫一号的风险项目，作为后续风险防控的重点，彻底消除了天宫一号在轨灾难性故障隐患。

抓住重点对症下药

　　针对交会对接、航天员驻留这两大关键任务识别出的重要风险，课题组发明了放电电流抑制、温湿度控制、噪声抑制和有害气体控制的方法，系统地解决了飞行器安全对接和航天员驻留环境控制的难题，以最小代价提高了系统的可靠性，降低了系统风险，达到了国际领先水平。

　　针对"天宫一号"所处真空环境，由于对外无传导介质带来的密封舱噪声控制难题，课题组首次提出了吸声、隔声、消声、减震的多维噪声控制方法，全方位解决了密封舱内多转动部件、多机械作动部件情况下的降噪难题，实现了航天器密封舱内的稳态噪声控制，并优于国际空间站相关标准，达到了国际先进水平。

　　在有害气体控制方面，课题组首次探索了以有害气体分析、释气规律推演、材料筛选和空间吸附净化于一体的密封舱有害气体防控措施。在国内首次针对航天用非金属材料开展了各种气压环境下的释气试验，获取了载人航天器非金属材料逸出有害气体浓度总量及不同压力环境下的释气速率规律，作为控制的依据；从源头严格控制舱内的有害气体；适度配置微量有害气体净化装置，用最小在轨资源代价实现有害气体清除。同时，天宫一号具备泄复压能力，在故障情况下仍可净化微量有害气体。

多措并举阻断风险传播

　　课题组建立了长期在轨载人航天器风险控制模型，提出了可重构载人航天器安全模式的在轨风险控制措施，实现了航天器故障时系统的自主重构，并阻断风险的传播路径，解决了长期在轨载人航天器安全稳定运行难题，有效降低了系统风险，使天宫一号全寿命周期内安全性指标达到国际领先水平。

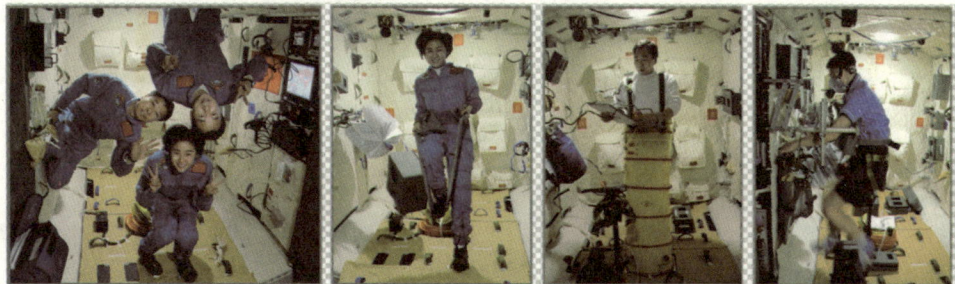

航天员在天宫内生活

风险控制模型采用全过程、全系统、全要素多维风险管理模式，基于功能组成框图、信息流、能量流和控制流，实现了从风险源头、传播路径到影响域全过程的模型化，并实现了模型的数字化驱动，解决了天宫一号系统内部各种风险解耦难、风险等级界定难、风险控制措施制定难等问题，为实现我国空间站风险全面控制奠定了基础。通过建立风险控制模型，天宫一号在轨故障率为 0.005 个 / 天，也就是说天宫一号在轨飞行 200 天才有可能遇到一个故障。

应急程序确保万无一失

载人飞船与空间实验室对接形成组合体后，正常情况下由空间实验室完成组合体的控制。空间实验室风险均可通过相应措施进行识别和控制，但难以消除微流星和空间碎片撞击造成的密封舱失压、密封舱失火和姿态失控 3 种影响航天员安全的重大风险。

针对上述难以消除的在轨安全风险，课题组提出了载人飞船接管组合体实现两飞行器重构的方法，设计了全姿态捕获和组合体定向控制模式，解决了载人飞船接管组合体控制时面临大姿态角偏差的难题，并经过了地面试验和在轨飞行验证。同时课题组还设计了航天员紧急撤离程序，在出现密封舱失压和失火两项重大危险时航天员可在 5 分钟内安全撤离至载人飞船，从而确保航天员安全。

获奖情况　　空间实验室风险识别与控制技术及应用　　　　　　三等奖

打造城市管线"安全卫士"
让市民放心安心

邢琳琳 王庆余 王一君 北京市燃气集团有限责任公司
杨祎 北京无线电计量测试研究所

城市地下管线也是一种生命体,多种地下市政管线的规模性、复杂性、隐蔽性,使管线处于多种危险之中。利用基于北斗的地下管线立体化多源异构参数动态风险定位监测网为城市精准把脉,并通过多因素耦合和数字孪生技术出具可靠的体检报告,结合多种防灾减灾手段,保障城市"能源动脉"健康运行。

地下管线是保障城市安全发展和人民幸福生活的城市生命线。近年来由地质沉降、杂散电流、冻土冻胀等各类灾害导致的管线事故正从潜伏期进入爆发期,城市内涝、地面塌陷、燃气爆炸、热水伤人、"窨井吃人"等管线事故成为居民心中难以消除的痛。仅北京地区平均每年管线维抢修次数就超过一万起,我国每年因管线事故造成的直接经济损失达数十亿元,间接经济损失达数百亿元。

为解决我国城市地下管线安全隐患突出、应急防灾能力薄弱的难题,项目团队进行了市政管网防灾减灾关键技术的研究与应用,改变了传统的管线灾害防治方式,实现了管线灾害由事后处置向事先预警、由被动向主动的转变,有效避免了灾害事故的发生,提升了地下管网

TIPS

BP 神经网络

BP 神经网络是一种按照误差逆向传播算法训练的多层前馈神经网络,是目前应用最广泛的神经网络。

的风险管控水平和防灾减灾能力，保障了城市的公共安全和人民的生命财产安全。

为城市地下管线精准"把脉"

对市政管网运行动态精准把脉，需要依托先进的传感技术。然而，目前该类技术为国外所垄断。为了打破这种技术壁垒，形成适合我国管网特点的感知监测产品，项目团队研制开发了多功能管网监测设备，构建了基于北斗定位技术的地下管线立体化感知监测网。

基于北斗定位技术，项目团队开发了管线致灾因素实时传感采集技术、海量异构节点时间同步技术、地下物联协议自动适配技术，并在现有的传感器上增加了精准的时空标签。在地下管线网络全方位监测方面，形成了适应我国地下市政管线运行特点的系列感知产品，这些产品可监测管道所处环境参数、自身参数以及输送介质参数，实现了管网实时运行数据的精确获取，为城市地下管线精准"把脉"，为市政管网风险管控提供精准数据。构建的管线立体化多源异构参数动态风险定位监测网在北京燃气集团接入的动态节点达 108 923 个，使得管体、工况、环境参数获取变得更加实时、全面、

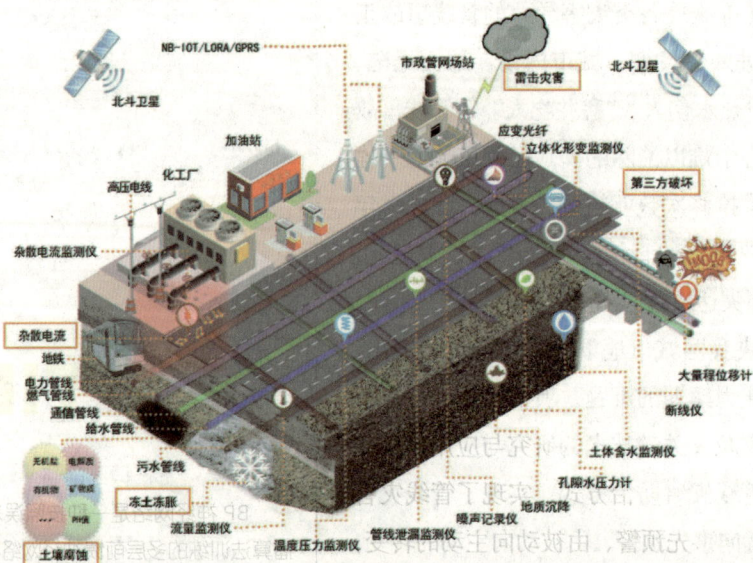

地下管线立体化多源异构参数动态风险定位监测网

准确，为管线灾害风险评估与防灾减灾提供可靠数据支撑。

　　基于机器学习方法，项目团队研发了地下管线致灾特征信息挖掘提取技术，逐步训练地下市政管线的"阿尔法狗"。通过多维度数据清洗、转换、集成、处理、分析和评估，并及时纠偏等完成对异常数据的有效挖掘。项目在国内首次揭示了地质沉降、杂散电流、冻土冻胀、工艺材质等88类因素的变化规律以及对地下管线安全运行的影响规律。在北京、苏州、宁波等地利用1890个案例样本检验发现，利用基于机器学习的管线致灾特征信息挖掘提取技术可以屏蔽底层数据源物理和逻辑的差异性，揭示的管线致灾因素对地下管线安全的影响规律与案例样本显示的结果重合度达到91.5%。

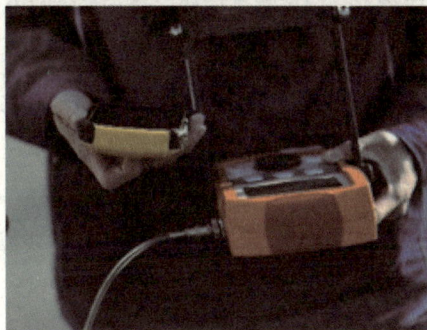

防灾减灾产品在实际中的应用

让城市地下管线"防病于未然"

　　俗话说"一兵不能成将，独木不能成林"。地下管线的灾害事故往往是由多种致灾因素相互耦合的综合影响引发的。项目团队在国内率先提出"管体—工况—环境"三位一体的管线多因素耦合致灾风险评估方法，形成了管线多因素致灾风险热图；利用BP神经网络对管线全业务链精准数据进行"最强大脑"式训练，并将训练好的评价模型应用于管线风险评价管理。目前已经发布了北京、宁波、苏州等50余座城市和准东油田、郑州热力等100家单位的管线风险热图。

　　构建基于数字孪生的管线健康度评价模型，通过健康度评价模型的分析能够自动评价管线处于健康、亚健康、疾病、重大疾病状态，生成管线"健康评估报告"，评估管线的剩余寿命，实现管线灾害防治由事后处置向事先预警的转变。管线事故主动发现率从77.6%提高到95.3%，有效提升了管线的风险管控水平和防灾减灾能力，实现了管线"有病能发声，轻重能有序"。

保障城市"能源动脉"健康

为了保证城市"能源动脉"能够持续蓬勃而有力地工作，保证市民的"能源"正常供给，在对这些"能源动脉"进行修复和减灾过程中，一定要做到"快、准、狠"，最大限度地减少对人民生产生活的影响，并且要避免资源浪费以及其他次生灾害和安全事故的发生，这就需要采取多种技术手段和创新产品共同治理。

项目团队充分利用首都丰富的科技资源，联合"产、学、研、用"平台，突破了管线运行环境参数扰动补偿技术、杂散电流腐蚀保护技术等一系列技术难关，开发了包括调压站智能防冻系统、管线智能阴保系统、管道修复组套、不停输管道开孔封堵系统在内的12项具有自主知识产权的管线运行防灾减灾产品，部分产品技术指标达到国际先进水平。目前相关产品在管线高压门站、调压站以及管线灾害防治各个环节得到应用，为防灾减灾提供了有效手段。

项目团队还率先提出了管线防灾减灾多指标综合评价方法，构建了一套由6大类、28个指标组成的管线防灾减灾评价指标体系，通过指标评价体系的综合评价，提出了管线防灾减灾的处置方法，自动形成了适用于被评价灾害的处置流程和方案，显著提升了管线防灾减灾水平。例如在北京燃气管线防灾减灾处置方法中，通过建立计算流体力学和GIS模型，攻克了管线泄漏扩散范围、定位等难题，为建立典型燃气管网事故应急处置标准化管理流程提供理论依据。项目形成的管线防灾减灾标准规范在多个单位推行，结果表明，管线事故处置效率提升了55%以上，管线防灾减灾处置水平实现了跨越性提升。

项目获授权发明专利36项，多项成果已在北京（覆盖三城一区）、苏州、宁波等地100家行业单位推广应用，保障了20余万公里市政管线的安全运行。对于提升城市地下管线防灾减灾能力具有重大意义，致灾风险评估方法等技术、产品达到国际先进水平。部分成果获中国腐蚀与防护学会科技进步一等奖、中国卫星导航协会科技进步一等奖和中国土木工程詹天佑奖。项目成果全面提升了企业的精细化管理水平和应急处置能力，显著提升了城市生命线的安全度。

获奖情况　市政管网防灾减灾关键技术研究与应用　　三等奖

云平台让实验仪器像单车一样可共享

焦文彬 史广军 刘亮 杨二豪 中国科学院计算机网络信息中心
曹凝 张红松 牟乾辉 中国科学院条件保障与财务局
尹震宇 陈玄一 中国科学院沈阳计算技术研究所有限公司

仪器设备是科研创新的重要设施，是创新驱动发展的基础手段。如何解决科研仪器"有需求不能满足、有资源又不开放"的问题？云环境下的大型仪器设备共享管理平台提供了有效途径，通过为仪器设备搭建开放共享平台，满足供需双方的需求，有效提升仪器设备的利用率和共享率，为促进科研成果产出发挥重要作用。

科研设施与仪器的利用率不高、部分科研设施与仪器重复建设和购置，这是存在于科研资源利用领域多年的问题。为此，2014年国家颁布了《国务院关于国家重大科研基础设施和大型科研仪器向社会开放的意见》。中科院作为"科技国家队"，早在2008年就开始了搭建科研仪器共享平台的探索，以跨研究所管理的大型仪器区域中心为骨干、以研究所所级公共技术服务中心为基础建立了两级公共技术服务支撑管理结构，通过优化资源配置和出台共用共享政策，大幅提升大型通用仪器设备的使用效率，为促进重大科技成果产出营造了良好的技术支撑服务平台及环境。

智能控制器——计算机控制

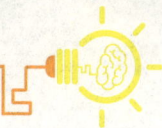

搭建集约化管理的云端大平台

共享经济的模式已在深深影响着人们的观念和生活，共享科研仪器是共享经济的样本之一。仪器设备共享的本质就是要能够让需要使用仪器的科研人员方便快捷地知道哪里有自己需要的仪器，进行预约使用，使用后释放该资源，以便让其他人员来使用。同时能够让仪器设备的管理单位将仪器设备共享出来，供其他人员使用。仪器设备共享管理平台就是为实现这个需求应运而生的。

部署架构图

共享平台如何建设？每个单位建设一套系统就可实现对本单位的仪器设备共享，然而这么建设，建设成本高昂，且仪器设备不成规模。为此，中科院项目团队采用集约化的建设模式，全院110多个单位只建设一套系统，系统采用云部署模式，仪器设备共享中心系统集中部署在中国科技云环境，满足中科院遍布全国的110多个研究所的应用，而无须每个研究所部署一套系统，节约了建设成本，成为国内规模最大的仪器在线服务和运行管理系统。平台支持任何单位作为仪器设备提供方将本单位仪器设备加入该平台共享。各单位内部通过局域网、物联网环境，实现对仪器设备的控制和数据传输，物联网系统通过物联网服务器实现与云端中心系统信息交互。系统中的用户包括中科院内外的所有仪器设备需求方。

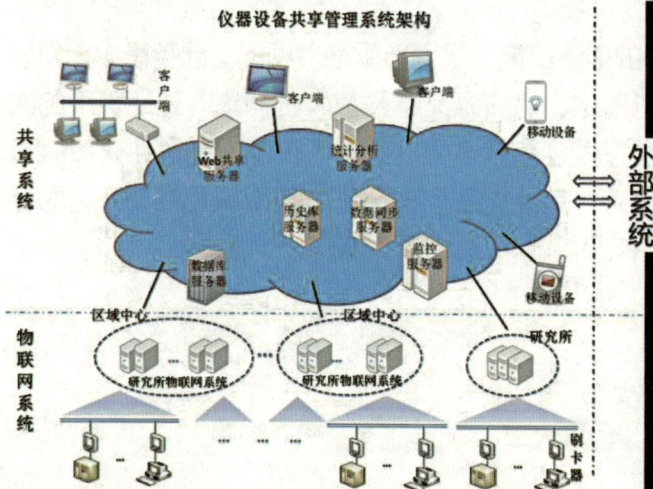

系统集中部署在中国科技云上，节约了建设成本，同时对系统性能提出了更高的要求，项目突破了集约化管理遇到的性能"瓶颈"，如多级缓存模式、关键数据的交互响应性能和高可靠性、资源争用问题和资源指标实时监控等。第三方测试结果显示，200个用户并发操作时，仪器预约平均响应时间为0.041秒，400个用户并发时响应时间为0.228秒，1 000个用户并发时响应时间为0.556秒，均不超过3秒的行业要求。

将云端平台与仪器设备有机结合

如果某科研人员在共享平台上预约了 9:00 使用某台仪器设备,如何保证他来使用时该仪器没有被其他人占用?为了解决该问题,项目团队设计制造了智能控制器。

基于 RFID 和 ARM 等物联网技术,项目团队设计了智能控制器,通过用户的刷卡操作控制仪器设备计算机或电源,进而控制相应的仪器设备。用户通过 RFID 刷卡获得预先设定的权限,使用系统相应的使用、维护、管理等功能。计算机控制器通过控制仪器设备所连接的计算机屏幕,用户预约后刷卡解锁屏幕方可进行实验,实验完成后再刷卡锁屏。只有有权限的人员,在预约的时间范围内方可使用。而电源控制器则直接控制仪器电源,达到控制使用目的。

这样,就实现了软件系统与仪器设备的有机结合,真正实现了仪器设备的预约使用和开放共享。同时通过智能刷卡器,可自动采集用户使用仪器设备的工作日志,为仪器设备共享情况的分析提供可靠数据。

共享平台 + 实验全生命周期管理

科研仪器共享属于共享经济的样本之一,仪器设备的便捷预约方便了需求方获取共享资源,然而仪器设备的预约使用仅仅是科学实验的开始。在整个实验过程中,平台构建了仪器预约使用、分析检测、样品登记、分析结果、结果发放和费用结算相结合的实验全生命周期

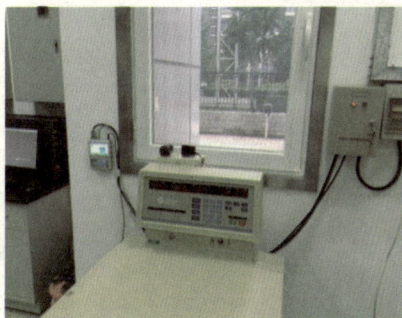

智能控制器——电源控制

管理模型，并按照此模型建设了系统，实现了实验全生命周期管理的信息化支撑。项目建设过程中梳理了各类仪器设备可以进行的分析项目、采用的分析标准，结合不同仪器设备和共享级别，实现了灵活的计费体系。

同时，中国科学院所属研究所涵盖众多研究领域，科学实验中用到的仪器设备类别多样，预约管理平台如何适应不同仪器设备的业务需求是个重要的课题。为解决这一问题，提升平台的适用性，系统在建设中采用跨平台开发技术，并应用微服务架构设计，实现了对每一台仪器设备应用需求的个性定制。如预约类型、预约形式、业务处理流程、预约模板等内容的设置，科研人员可以针对每一台设备进行设置。同时，可以对仪器设备进行提前预约天数、预约开始时间、最长预约时间、多进多出、耗材信息及实验环境参数等特殊信息进行设置，满足科研人员对仪器设备的不同业务需求。

建成的中国科学院仪器设备共享管理平台已经在中国科学院 15 个大型仪器区域中心 110 余个研究所全面应用。截至 2017 年年底，上线大型仪器设备达到 8 000 余台（套），价值超过 110 亿元人民币，平台活跃用户超过 4 万人。2017 年度，共享仪器设备年度使用已突破 1 200 万小时，受理样品数量 4.2 亿多个，系统向院外提供服务机时超过 160 万小时，有效提高了中科院仪器设备的使用率和共享率，为中科院仪器资源的合理配置提供了科学决策依据，在有效促进重大科技创新成果产出、服务社会经济发展方面发挥了重要作用。

获奖情况

云环境下的大型仪器设备共享管理平台的研发和应用	三等奖

2018年

北京市科学技术奖获奖项目

FLASH INNOVATION

创新在闪光 2018年

信息技术

无界零售让购物变得更简单

杨庆广 韩笑跃 边同昭 张琳 北京京东尚科信息技术有限公司

怎么让多年积累的线上智能零售科技服务于线下，帮助线下零售产业进行转型升级，实现第四次零售革命，达成无界零售？京东有着自己的想法。

开门七件事，柴米油盐酱醋茶，日常生活需要的大大小小商品，都需要通过购物来满足。现代社会，电商已经成为非常便捷的购物渠道，海量商品选择、快捷的对比、频繁的促销、方便的支付和物流，让电商购物体验越来越好。传统线下商店，则表现为互联网技术应用缓慢，货品更新慢，对于顾客消费需求变动不敏感，不少商场、超市、小店逐渐变得门可罗雀，难以再现往日辉煌。

互联网＋为线下零售装上"智脑"

李克强总理早在 2015 年时就指出"'互联网+'未知远大于已知，未来空间无限。每一点探索积水成渊，势必深刻影响重塑传统产业行业格局"。

我国的传统零售业长期以来存在信息化进程缓慢、智能化运营程度低等诸多问题，与快速发展的互联网电商给用户带来的优质购物体验形成了鲜明的对比。传统零售业的升级转型在技术创新与突破上面临诸多问题和挑战。如

京东 7FRESH 生鲜超市无人导购车

何运用电商互联网技术的积累来解决传统零售业信息化成本过高、效率低的问题是一个难点。

为此，京东着重利用开放式智能决策技术、可扩展标准化智能无人货架技术、可扩展自动化供应链调拨技术、高精度视频客流智能统计分析技术、图像智能合规机器人技术来解决传统零售业在商品管理、进销存管理、店面员工管理、客户管理、精准营销、运营效率等方方面面的问题，对传统零售业进行全方位多角度的改造升级，让线下零售业焕发新的活力。

京东通过全方位的支撑传统零售业直营、连锁等多种商业模式下的高度信息化与自动化，提升传统零售业的智能化模式的应用，让传统零售业也有了新的"智脑"。解决传统零售业在空间、时间上的限制，大幅度提升传统零售业的运营效率。

线下零售"智多星"

小时候听评书，每当主公有难的时候，总会有军师掐指一算，出谋划策，让主公转危为安。开放式智能决策技术就是线下零售业店主的军师"智多星"，它可以帮助店主们利用大数据技术智能选择店址，选择合适的商品，并帮助店主进行决策。

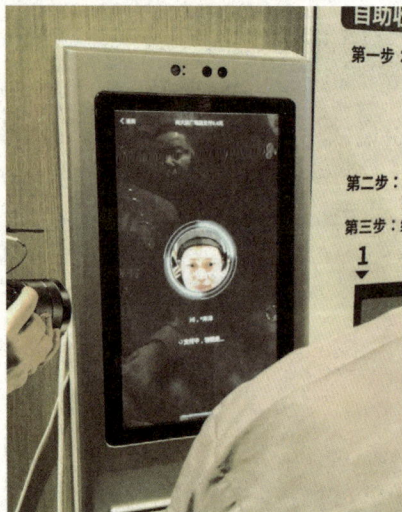

很多线下零售企业，尤其是连锁商家，随着业务的发展需要快速开店，但如何选址是一个难题。人工选址的速度既无法满足业务快速增长的需求，又不能够对新门店运营、盈利情况进行精准预测。智能选址技术依托京东大数据，智能分析用户位置和所处生活圈的消费数据，利用机器学习算法以及用户行为分析，可以精准提取符合业务开店的区域，让线下零售业可以根据实际需求精准开店。

京东 7FRESH 刷脸支付

有了好的店面，就要考虑怎么选取合适的商品。目前线下零售业大部分是通过店主个人经验，在海量商品中进行筛选，选出符合门店的商品。整个过程耗时耗力，准确性低。智能选品技术利用京东大数据挖掘技术分析当地实际用户各个维度数据指数，如健康指数、衣食住行指数、个人行为指数、用户位置指数等，通过智能数据分析技术提炼门店商圈用户喜好的商品，精准且快速地为线下零售业提供商品，辅助店主进行决策。

让"懒人"随时随地购物

现在，为满足大家"懒人"需求应运而生的无人货架技术已经把销售渠道拓展到了电梯间、办公室、药店、餐厅、医院、银行、图书馆、学校、社区等各个角落，大大提升了零售网络的覆盖范围。

无人货架看似简单，其实里面也蕴含着大学问。它是以京东的机器学习、大数据、生物识别、物联网等技术为基础，集人脸识别、重力感应、智能库存管理和智能广告牌等多种技术于一身，同时与线下零售业结合打造一个完整的全场景、全时效、全品类的消购需求解决方案。

无人货架想要实现高效率，还要综合视频影像和重力感应，这样可以实时监控库存状况。再结合每台无人货架反馈的销售数据，在后台运用 AI 算法形成数据决策，判断该区域消费者的偏好，不断调整商品品类，让每台无人货架都符合周边消费者的喜好。

了解商品还要了解用户

线下零售企业尤其是中小商家大部分都是通过个人经验来判断卖什么货品，价格也是凭借经验来定。智能化的供应链调拨技术可以利用京东大数据帮助商家定价。智能定价使用了经济学中的量价关系价格弹性模型，针对上百万个差异化的商品品类做出个性化的建模，为商品确定一个最优的价格，让商家既可以满足客户需求，又能够获取最多的利润。

京东无人便利店

在对商品精确了解之后，还要精确识别用户。零售门店客流智能分析监控技术可以实现对多种规模零售门店中客流数据的采集、分析、监控和预警等。对门店内顾客年龄、性别、数量、人群密度、区域分布、停留时长、游逛路线等进行智能分析，真正实现了对于消费者的精准识别，建立完善的用户系统，以更好地服务消费者。

让传统零售宣传高效合规

线下商家对于线上业务熟悉度不高，要实现线上线下结合，就必须触达线上。而国家在虚假宣传等多个领域陆续出台了很多新的管理条例。传统零售行业在商品图像、宣传图像等方面，因历来的工作习惯，主要采用人工校验，缺乏专业的合规审核，对新条例合规性方面跟进滞后，审核不足，为企业经营带来巨大风险。零售商品的种类数以亿计，其相关图像包括商品主图、商品详情图、宣传海报图片、广告视频等更是达到了百亿级，人工审核已经远远不能满足图像合规审核的需要。

利用图像智能合规机器人，就可以对各类零售图像（包括商品图片、海报图片、广告视频等）自动进行违禁词、违反广告法、"牛皮癣"、知识产权合规、主图合规等多种合规审核。图像合规审核精准度99%以上，将大大减少人力审核成本。

电商技术改变传统零售业初显成效

截至2017年年底，项目的运营推广产生的直接和间接经济效益达数百亿元。京东通过给交易全流程的技术赋能，为投资、消费、出口三驾马车保驾护航，为劳动力、农业、商品经济、创新领域带来新活力，将电商技术带入传统零售行业，从提高供给质量出发，真正将老百姓的利益放在第一位。

为传统零售行业赋能，以改变传统零售业信息阻塞、反应迟缓的现状，推进产业结构调整，矫正要素配置扭曲，扩大有效供给，提高供给结构对需求变化的适应性和灵活性，提高商品交易流程的全要素生产率，以科技手段更好地满足广大人民群众的需求，促进经济社会持续健康发展。

获奖情况 电商智能零售技术在传统零售业务升级转型方面的研究与应用　　二等奖

盲路不再迷航

苏中 北京信息科技大学

当移动载体陷入盲路，如何带它走出黑暗？北京信息科技大学、北京邮电大学牵头的研究团队突破盲环境智能导航关键技术，自主研制系列产品，从盲环境下的信息感知、辨识到自主决策，实现移动载体在盲环境下的智能导航。

"准备出发，全程×××公里，请直行，进入×××路，行驶××米后靠左前方行驶……"常用手机地图APP进行导航的人对这样一段语音提示一定很熟悉。导航是一种古老的技艺，同时也是一门复杂的科学。无论是古罗马人利用北极星和太阳作为方位基准横渡地中海，还是郑和利用指南针七下西洋，或是麦哲伦利用六分仪完成环球航行，这都是导航的应用。

随着科技的进步，在全球一体化的今天，导航技术应用随处可见，已融入我们日常出行和生活中，并相当大地提升了人们的生活品质，例如汽车、手机导航使人们告别了在纸质地图上寻找道路的历史；自动清扫房间的智能扫地机器人让人们从烦琐的家务劳动中解脱出来；热门的无人驾驶汽车频上热搜，可以预见它将彻底颠覆我们现在对交通的认识和出行方式……你能想象没有导航技术，我们的世界将会变成什么样吗？

智能运载机器人导航系统调试

无人机产品

2018

当"黑暗"来袭

然而，导航系统应用中存在大量无显观信息、无卫星信号以及恶劣天气等盲环境场景。它区别于传统环境，特指由于灾难、恶劣气象（如黑暗、浓雾、烟尘）、障碍等影响，令移动载体陷入"失明"，原导航信息"失真""失效"的环境。2016年5月，特斯拉 Model S 在自动驾驶模式下与一辆拖车相撞，致司机死亡；2018年3月18日晚，Uber 自动驾驶车辆与行人发生碰撞，致其死亡。这两起事故发生的原因就是由于无显观信息及气象影响，使得导航数据失效。那么，如何实现盲环境下移动载体的导航和定位？这是移动载体自主执行任务的关键前提，是一直以来困扰导航专业科研人员的难题，也是制约当前交通、救援、国防等领域发展的"瓶颈"。

现有导航技术在盲环境下普遍存在导航数据无效（看不到）、载体方位失准（看不准）、环境认知困难（看不清）的问题，导致导航系统失去了引导移动载体运动的价值。在国家自然科技基金、北京市科技计划课题、北京市朝阳区协同创新项目及企业等资助下，北京信息科技大学、北京邮电大学联合北京星箭长空测控技术股份有限公司、北京德维创盈科技有限公司，积极开展技术攻关，致力于解决这些难题，使移动载体的行为更加安全、可靠、精确。

动员"五官"齐记忆

正如眼睛、鼻子、耳朵和皮肤在人体中的作用一样，传感器充当着一个从外界接收信息的角色。盲环境下部分传感器无法获得真实信息，导致导航数据无效，这就好比我们的眼睛看不到画面、鼻子闻不到气味、耳朵听不到声音，一下子不知道自己在哪里、到哪里去。

与其他类型导航技术不同，惯性导航无须从移动载体传送信号或者从外部接收信号，在盲环境场景中发挥着重要作用，但由于惯性导航积分运算的特点，即便是微小的惯性器件测量误差，随着时间增长都会引起导航姿态、速度和位置计算误差的不断积累，在盲环境下由于缺乏先验信息，移动载体无法看到完整环境，这种累计误差对导航精度的影响变得更加严重。

针对这个问题，研究团队从盲环境惯性测量单元误差产生的机理入手，设计了盲环境下的自适应滤波方法，建立了陀螺、加速度计整体误差模型，利用多模型线性分段误差补偿方法，大幅提高了导航器件的测量精度和稳定性。针对盲环境下导航系统定位精度低，而且随着时间发散很快，难以满足导航需求的现状，研究团队探究了卫导、惯导、磁强计、气压计、红外热像仪等多传感器误差模型与补偿方法，将移动载体的运动特征参数引入滤波估计器中，研制出的卫导 / 惯导 / 激光探测组合导航系统可解算出高精度的载体位置、速度和姿态信息进行输出，大大提高了整个系统的可靠性。

晃中求准

不少开车的朋友都有这样的体会，凹凸不平的路面会给车带来很大的冲击抗力，易导致车体剧烈振动，且极易损坏器件，有时甚至会引发交通事故。对于导航系统，当载体在这种凹凸路面运动时，由于载体姿态变化剧烈，许多复杂因素会造成载体导航系统的方位失准，对准变得既耗时又复杂，继而大幅降低导航精度，实时性也无法得到保障。而在许多应用场合，在很短时间内完成高精度对准是非常重要的，尤其是在军事应用中，常常把对准时间、对准精度作为主要技术要求，以便导航系统能快速做出反应。可以毫不夸张地说，在硝烟弥漫的战场上，它是决定战斗胜负的关键之一。

针对如何消除不规则晃动下的方位失准难点，研究团队构建了移动载体运动特征辅助的系统误差模型，通过多种匹配模式分析，建立了大方位失准角匹配准则，揭示了盲环境不规则晃动下移动载体误差传播特性。盲环境下的移动载体缺少姿态基准信息，导致难以进行匹配对准，无法获得位置、姿态匹配量。为此，通过利用外部信息传递的移动载

移动机器人导航系统性能测试

体速度差值作为观测值，得到缺失位置、姿态匹配量的量测方程。在误差模型基础上，提出了一种智能对准方法，实现快速方位对准的同时，对准精度也得到了保障，有效解决了盲环境下移动载体不规则晃动导致的方位失准问题。

不再"盲人摸象"

眼睛是心灵的窗口，它让我们看清了人世间所有事物，让生活充满光明。而盲环境下的移动载体，就好像人类突然失明，顿入漆黑，处处"危机四伏"。移动载体要想在盲环境下行动自如，最根本的解决方法是"让眼睛复明"，能够正确认知周围环境。

而"复明"的难点在于如何在缺乏显观信息条件下进行环境认知。针对这一难题，研究团队提出了一种捷联视觉地形认知方法，融合各类信息，基于距离和能量获取环境结构特征，筛选边缘跳变点，获取路面边界和障碍物区域，实现了盲环境下可行区域认知。针对弱纹理及遮挡区域场景重建的难题，构建了三维场景深度重建的数学模型，深度重建误差小于2cm。通过多源信息融合场景重建，解决了移动载体在盲环境下缺乏显观信息导致的环境认知困难问题。

打通产学研

历时近10年，通过原始创新、集成创新，采用与企业联合创新的产学研模式，研究团队在盲环境智能导航研究领域，获授权发明专利11项，实用新型专利1项，外观设计专利1项，计算机软件著作权16项，发表SCI/EI/中文核心收录论文18篇，他引15次，丰富了盲环境智能导航领域研究理论。目前已形成惯性测量产品、辅助驾驶产品、探测与制导产品、智能驾考产品、机器人、无人机等系列产品。经推广应用，相关技术近三年累计产生直接经济效益9744万元，间接经济效益1.7亿余元，同时也正在智慧工地、居家养老、精密检测装备、隐身目标探测、应急救援、国防装备等多个领域推广应用，具有广阔的应用前景。

获奖情况　盲环境智能导航关键技术研究及应用　　　　二等奖

"双中心双活"的 12306 售票系统

王思宇 杨立鹏 朱建生

中国铁道科学研究院集团有限公司电子计算技术研究所

在春运期间，铁路 12306 互联网售票系统高峰时刻每秒售出高达 700 张，这相当于一趟标准动车组列车的车票在一秒之内就售出去了，真正的秒杀。

截至 2017 年年底，我国铁路营业里程已达到 12.7 万公里，其中高速铁路 2.5 万公里，"四纵四横"高铁网已经建成，"八纵八横"高铁网初步形成，铁路旅客运输供给能力得到大幅提升，2017 年全国铁路旅客发送量完成 30.84 亿人，比上年增加 2.70 亿人，增长 9.6%。随着我国小康社会的基本建成，人民生活水平的提高，铁路的客运供给能力快速提升，铁路 12306 互联网售票系统的用户量、访问量都在急剧增加。现有的铁路 12306 互联网售票系统如何满足铁路快速发展的需要？如何满足旅客多样化、人性化的服务需求？

2018 年春运期间实时售票情况

铁路 12306 互联网售票系统的变迁

12306 互联网售票系统是基于中国铁路客票发售和预订系统（简称：客票系统）这一核心系

统构建的。2011年6月12日,系统投入试运行,发售京津城际列车车票;2011年9月30日,发售全路动车组车票;2011年年底,发售全路列车车票,12306互联网售票系统正式成为铁路新的售票渠道。2012年春运期间,持续的高频访问使系统在多个方面出现性能"瓶颈"。由于访问量超出设计预期,12306网站在高峰期出现了页面打开缓慢、查询和下单报错、后台系统过载等一系列问题,用户体验不佳。

12306售票系统上线后,用户量和访问量都急剧增加。系统主要设备都基于一个数据中心运行,处于"单中心"运行状态,一旦空调、电力、网络等关键设备出现故障,都有可能导致整个系统服务中断。针对铁路客运量持续增长和售票需求快速发展这一情况,12306售票系统需进行改造以达到对外满足旅客多样化、人性化的服务需求,对内提高客运效率和效益、优化系统等需求。

基于"双中心双活"的铁路12306互联网售票系统上线后明显改善了用户体验,提高了售票效率,极大地缓解了售票窗口的压力,系统最高日售票达到1 135.7万张,占全渠道售票量的80%以上,超过车站窗口和自动售票机,成为最大的售票渠道。"双中心双活"到底是什么呢? 12306售票系统又是如何做"双中心双活"的?

什么是"双中心双活"?

什么是"双中心双活"? 首先"双中心"即采用两个数据中心,一个主中心和一个备份中心。而"双活"即两个数据中心都是"活"的,同时在线提供服务。一个真正的"双活"系统应该涵盖基础设施、中间件、应用程序。双数据中心同时对外提供服务的双活模式,两个数据中心是对等的、不分主从、并可同时部署业务,可极大地提高资源的利用率和系统的工作效率,让系统实现最大价值。

2016年新一代客票系统旅客发送量可视化分析

新版铁路12306互联网售票系统采用基于"双中心双活"集中式的体系架构,一是运用虚拟化技术完成了数据库服务器虚拟化、应用服务器虚

拟化以及存储的虚拟化，实现了跨中心的数据库层、存储层虚拟化，确保核心数据的"双活"。二是基于全局的流量分配和故障切换研究。通过CDN流量控制、各级网络层负载均衡器配置以及故障检测设备部署运行，使系统两中心形成双活态势并且互为应急，大幅度提升系统安全可靠性，保证当第一中心

2018年春节，全路客票系统监控中心联合值班室及12306售票系统的研发人员坚守岗位，保障每一位旅客能回家

发生问题时，系统能够无缝切换到第二中心，确保互联网售票系统不间断运行。

虚拟化技术让两个中心同时工作

早在20世纪60年代的IBM大型机系统就开始使用虚拟化技术，在70年代逐渐流行起来。这些机器通过一种叫"虚拟机监控器"的程序在物理硬件上生成许多可以运行独立操作系统的虚拟机。随着近年多核系统、集群、网格甚至云计算的广泛部署，虚拟化技术在商业应用上的优势日益体现，不仅降低了IT成本，而且还增强了系统安全性和可靠性，虚拟化的概念也逐渐深入人们日常的工作与生活中。

系统采用分布式虚拟化存储技术，实现跨中心的存储层虚拟化。同时采用基于X86平台的主机虚拟化技术，在分布式虚拟化存储的支持下，构建跨双中心的主机虚拟化平台，支持虚拟机跨双中心动态迁移，满足数据库层面的双活要求。

系统各层级布置了大量配置接近的服务器，采用虚拟化软件对服务器的运行计算资源（CPU、内存以及本地硬盘等）虚拟化，结合云计算管理平台对位于同网内的主机进行统一管理，以提升资源利用率，大幅提高系统部署、管理及运维效率。正常情况下两个数据中心的物理主机设备全部承载业务，当一个数据中心出现局部或整体故障时，通过虚拟化平台的资源调度和高可用策略，将该中心的虚拟主机自动迁移至另一数据中心，保证业务的快速恢复，恢复时间可控制在15分钟。

业务数据在两个数据中心的全量冗余存储、随时可读是数据库双活技术的重要基础，项目团队通过存储虚拟化技术实现电子客票等关键数据在两个数据中心的可靠双写，确

保核心数据双活。正常情况下，数据同时写入双中心设置的存储系统，当一个数据中心出现局部或整体故障时，通过虚拟化存储控制系统屏蔽局部故障产生的影响，无缝地利用另外一个数据中心的数据正常开展业务。

计算资源双活也就是实现虚拟机可以在两个数据中心自由迁移，为此，两个数据中心应保持相同的计算资源。要实现双活数据中心，网络作为重要的 IT 资源必须做到两个数据中心的高可用，也就是要将两个数据中心的客票网组成一个大的局域网，无论虚拟机在哪个数据中心运行都无须更改网络设置。这就实现了两个中心同时工作。

超强的铁路 12306 互联网售票系统

回顾 12306 互联网售票系统的发展，高峰售票量由 2012 年春运的 119 万张 / 天增至 2013 年春运的 364 万张 / 天，系统架构的优化与调整起到了至关重要的作用。2014 年和 2015 年春运售票量再次超过 500 万张 / 天和 600 万张 / 天，最高达到 636 万张 / 天，验证了二次优化后架构的合理性和有效性。基于"双中心双活"的铁路 12306 互联网售票系统上线后明显改善了用户体验和售票秩序，极大地缓解了售票窗口的压力，有效应对了 2017 年以来春运售票高峰的考验，系统最高日售票达到 1 135.7 万张。铁路 12306 互联网售票系统经过多年的春运高峰考验变得更好、更强，未来也将更好地服务广大旅客。

获奖情况　基于"双中心双活"的铁路 12306 互联网售票系统研究与应用　　三等奖

三千弱水"只取一瓢"
南水北调自有法宝

万烁 北京市南水北调信息中心

传说蓬莱洲有一河，其水缥缈浩瀚，其力不能胜芥，故名弱水。而今有一渠南水，如弱水般浩远，千里碧波一路向北，汩汩地涌向北京，这渠清水就是著名的南水北调中线的成果，现如今已经是北京的"生命水线"了。可要知道，把"弱水"从"蓬莱洲"输送到千家万户，这条生命线的调度和保障可不是易事。弱水浩渺，调来有限，三千弱水如何只取一瓢呢？南水北调有法宝，这就是南水北调智能调度系统。

南水北调中线工程的起点是湖北丹江口水库，终点是北京颐和园团城湖，全长 1 276 公里。采用明渠输水全线自流，进入北京境内在惠南庄首次加压，转入地下管涵式方式输水，将南来之水送到中线的终点"北京颐和园团城湖"。到了团城湖可不算到家，还要继续将水送到各水厂，经过水厂处理后送到千家万户。

"千里眼"看南水

如何才能将南来之水送入京城的千家万

2017 年南水北调工程规划图

南水北调智能调度系统会商演练

户？这就是北京市南水北调配套工程的重要作用。配套工程大多采用地下管涵，全线有 200 余公里，输水管径也很大，直径大约 4 米，一辆 SUV 在管线里可以轻松地行驶。这样狭长的大型工程，又都在地下，作为管理者的第一需求就是"要能看"。这可怎么办？管线都埋在地下 20 多米的深处，水又都在管线里，要想达到"看"的目标，可给课题组出了个大难题，要是有个千里眼就好了，一眼看尽天下事。

怎样才能称得上"千里眼"呢？通过仔细分析，"千里眼"应该能看到三个层面，第一个是水。来了多少水？去了多少水？每滴水都去了哪儿？水质怎么样？这些都要用这个"千里眼"看到；第二个就是工程。南水北调工程都在哪儿？地上什么样？地下什么样？有没有漏？有没有坏？……；第三个就是安全。工程保护范围是否有非法占压？是否有违法入侵？降雨和其他天气是否影响到工程安全？这些都要"千里眼"发挥作用。那么这个能够看穿地下 60 尺[①]的千里眼是如何建立起来的呢？

首先要有"眼"。南水北调工程沿线建设了诸多视频摄像机、水量监测设备、水质监测设备、工程安全自动采集设备。这些设备可以通过自身的传感器，自动采集数据，这就给南水北调工程建立了"感知"，它们就像人的神经元，无论是水、工程还是安全方面，哪怕发生细微的变化，它们都能知晓。其次，南水北调工程沿线敷设了超宽超高速超可靠的光缆，这些光缆构成了南水北调的"中枢神经"，眼睛里看到的数据全靠它传输给指挥中心，让管理人员和决策人员可以第一时间得到资料。

如果没有这个"千里眼"，仅供水调度这一项业务，值班人员就需要每 10 分钟与各关键站点通话，互相了解供水情况，以保证供水的顺利进行。但是由于站点众多，即使是分段管理，值班人员时时刻刻不停地打电话，想了解全线的情况，至少也需要 2 小时。在这 2 小时的时间内又发生的变化，是不得而知的，这就给值班人员的工作带来很大的压力和难点，更何况还要保证水质和工程的安全，问题就更为复杂了。现在有了"千里眼"，

---

① 1 尺 ≈ 0.33 米。

了解全线情况只需一秒，工作效率大大提高，比之前者，可谓天壤之别。

有了"千里眼"时刻看着南水北调，水中拨起的每一朵浪花，与管壁撞击的每一次震动，工程保护范围内每一个细微的变化都逃不过它的眼睛。有时还能发挥一些其他的功效，比如有人失足落水，被"千里眼"发现而及时获救。

"千机算"调南水

相信很多人都有理财的经历，收入多少，花销多少，钱花到哪里去，都是比较简单的问题。有些情况则比较复杂，比如定期存款、家里装修、发奖金、交学费，这几件事凑在一起，先做哪个、再做哪个、什么时间做，可都是运筹学的范畴了，毕竟利益最大化是关键。

其实调水的管理和理财很类似，最基本的就是要知道来了多少，去了多少。复杂的情况却比理财多很多，首先分水量要跟着来水量的变化而变化；其次南水北调的来水与北京本地水源互相联合调度，用哪里的水，用多少，怎样分配更划算；还有为了保证供水的安全，南水北调工程是环路供水，水可以顺时针流，也可以逆时针走，如果环路的哪个点工程出了问题，水还可以反其道继续正常供水。那么是先顺时针还是先逆时针？……这么多的复杂情况，管理起来难度很大，而且南水北调需要精确计量和调度每一滴水，"弱水三千只取一瓢"可是个技术活。怎么办，看我"千机算"。

"千机算"首先要构建供水调度模型，模型计算的准确性取决于建模精度，而建模精度取决于工程基础数据。像南水北调这种情况普通的水力学模型基本采用2 000个节点就

南水北调来水终点位置——团城湖调节池

够了，可是为了达到"只取一瓢"的高精度要求，南水北调智能调度模型采用了 20 000 个节点，是普通模型的 10 倍。另外，供水分配、调度工况、水源切换、路由变化、检修、充水放水等需求都要考虑进去，"千机算"的千般变化、千种玄机，尽在这鼠标一键之间。

当然算出来还没完，一般千机算都会给出几种方案供调度人员选择，每种方案优势不一，如用时最短、效率最高、成本最小、安全性最大，等等。各种方案都可以通过电脑进行推演，推演的过程正好模拟了调度工作，也是南水北调科学调度的一个重要保障。在推演的过程中，调度人员可以预知未来几个小时或几天的调水变化。调度人员说，"千机算"把他们从每天烦冗的 excel 编辑中解脱出来，甚至改变了他们的生活。

"千手佛"护南水

如同人体存在亚健康状态一样，一些异常的数据会暗示调度或工程已经进入"亚健康"状态，如不及时采取措施，会进一步发展为"病态"。比如水压过大或水位过高要引起工程上管路渗漏、破裂，或水质呈现下降的趋势等。此时就需要"千手佛"的保护。

"千手佛"的主要原理是应急预案。南水北调针对工程运行的每个风险都制定了应急预案，而"千手佛"负责把预案数据化和可视化。不过建立预案库可不容易。首先风险识别就是个力气活，工作量超大，如果要用 A4 纸打印每个风险，那么南水北调的风险识别打印出来可以铺满整条北京五环路。而每个风险的处置方式和措施又是一个广义笛卡尔集的概念，需要大量排列组合。其次应急所需要的资源，比如应急物资、仓库位置、专家信息、道路和医院等，都需要发散型的收集、整编再入库……虽然经历了千辛万苦，但结果还是喜人的。在很多次面临停水风险的应急处置中，"千手佛"都及时发挥了作用，力挽狂澜，保障了南水北调的供水。

南来之水着实来之不易。一滴水从源头走进北京，要狂奔 15 天之久，而到达北京之后，又凝聚这诸多管水人、护水人的辛勤工作，也承载着不可或缺的科技力量。南来之水带来的不仅是惠及经济、惠及民生、惠及生态的积极影响，也带来了科技，带来了创新，带来了北京南水北调人的匠心精神。上善若水，厚德载物，弱水只取一瓢不易，且行且珍惜。

获奖情况	基于大数据分析的调水监测管理关键技术研究及应用	三等奖

给电子邮件穿上坚不可摧的"铠甲"

王栋 玄佳兴 国网电力信息通信有限公司
蔡先勇 深圳奥联信息安全技术有限公司

我们发送纸质信件的时候，有时会担心信件被别人偷看到，而电子邮件作为信息基础设施最为普遍的应用，也早已成为黑客攻击的重点对象。国家电网联合奇虎科技、深圳奥联等公司，综合使用现代信息安全和密码技术，对电子邮件系统进行升级改造，让电子邮件成了真正安全的沟通方式。

近年来，电子邮件安全事件频发，全球范围内邮件安全形势十分严峻。"希拉里邮件门"事件众所皆知，乌克兰电网也因邮件系统被攻击引发了大面积停电。这些事件的发生表明全球的邮件安全形势已十分严峻，邮件已成为信息系统最容易突破的短板。

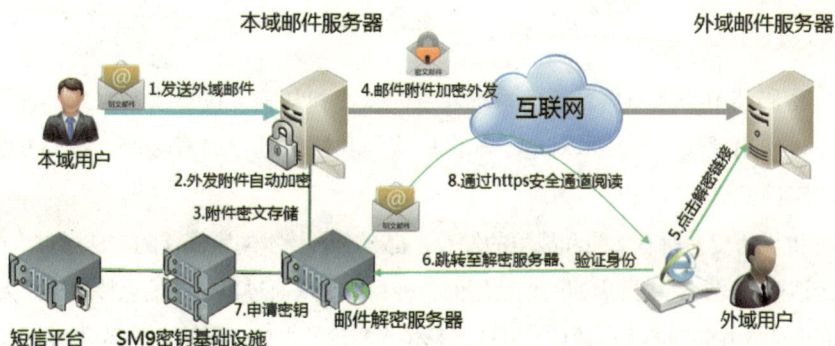

业务流程

83

中央网信办发文强调"综合运用管理和技术措施保障邮件安全",公安部、工信部、保密局联合印发《党政机关事业单位和国有企业互联网电子邮件安全专项整治行动方案》,充分表明我国高度重视电子邮件安全,电子邮件已经关系到国家网络安全和保密工作大局。

生生不息的古老协议

电子邮件自 1969 年诞生到现在已经近 50 年了,在早期纯洁的互联网世界中,所设计的邮件协议并没有考虑安全防护措施。邮件"不安全"因素主要包括邮件数据明文传输,传送邮件就像寄明信片一样,路上任何人都能读到上面的内容;邮件服务器端数据明文存储,获取服务器权限的人就像闯进了邮局,可以对里面的所有信件为所欲为;邮件客户端的数据明文存储,客户端被木马盗取后相当于个人身份信息和邮件数据都拱手让人;邮件系统没有强制身份认证机制,没有严格的规范核查用户身份信息,用户身份容易被伪造。

随着信息技术的不断发展,网络环境日益复杂,统一升级通用协议需要改造全球无数的已投运的系统和服务器,涉及范围之广、消耗成本之高是任何一家公司,甚至一个国家无法轻易承担的。所以生存了数十年之久的SMTP/POP3 这些传统的电子邮件通信协议还在普遍使用,也导致明文传输和口令认证的体系结构一直没有改变。而邮件收发涉及客户端、发件和收件服务器、中间的传输网络等多个环节,这些都为黑客创造了很多机会,导致很多攻击都可以直接从邮件下手。

自主研发的密码算法

密码技术是保障信息通信系统安全的核心和基础,在不改变原生邮件协议的前提下,采用现代密码技术对电子邮件的流程和数据进行加密防护,是最方便快捷的解决邮件安全的方法。

世界历史上所有文明和战争的发展,都有密码技术的紧密伴随。从通过滚筒缠绕布条的恺撒密码,到中国周朝时期使用的各种兵符;从通过口述的信息传递,到无线电波、卫星电话、互联网的实时通信;从通过移位来实现的古典密码技术,到"二战"中使用机械加密的 ENIGMA 密码机……密码技术多次左右了战争的结果,改变了成千上万人的命运。

20 世纪 70 年代以后，随着公开密码体系的发明，加密技术真正步入了现代密码学的大门。现代密码学利用数学方式精确地证明了如何保证信息的安全。简单来说，就是在一定强度下的加密运算后，利用现有的计算能力来破解是不可能的。这个加密运算的方法就是现代密码学的核心：密码算法。

近年来中国国家商用密码管理局颁发了从 SM1 到 SM9 的自主密码算法。这些算法基于现代密码学的原理，逐渐成为我国信息安全保护的核心手段。

国网信息通信有限公司和密码学专家们组建的项目团队，基于对国家 SM9 标识密码算法的深入研究和探索，构建了适合国网云架构环境下的无证书、无介质的新型电子邮件密钥管理体系，在服务器端、客户端以及网络传输层面把邮件的正文、附件通过密码技术保护起来，也就是从寄件人、邮局、收件人等层面解决了邮件体系应用中的身份安全、传输安全、存储安全三大风险点，实现了邮件全链路安全加密防护。

从头到脚的加密铠甲

用户编辑好邮件后，可通过鼠标点击自主选

2017 年 1 月，国网电力信息通信有限公司进行系统测试

项目团队合影

择是否对邮件加密、对附件还是全文加密，邮件服务器收到未加密的邮件和加密指令后就对邮件进行加密并储存，然后将加密后的邮件投递到收件方服务器。收件人收到加密邮件后点击其中的加密链接，验证身份后即可查看邮件内容。

依托于现代密码学的快速发展，加密一封邮件，所采用的密码算法的强度高、效率高，加密可在一瞬间完成。但每破解一封邮件却需要数千台电脑同时计算一亿年以上，在目前的技术水平下，可以预期未来的数十年内仍然是无法破解的。

这样复杂的操作和运算，对用户的使用习惯却基本没有影响，这得益于先进的密码体系和巧妙的设计。加密或不加密，在界面上只是用鼠标点击即可选择，而解密阅读邮件也是向导式的指引，通过浏览器就可以轻松完成。

邮件数据经过加密后，变成了一堆乱码，但还是一封完整的邮件，只有通过身份验证才可查看正确邮件内容。这好比给邮件穿上了坚不可摧的"防护铠甲"。在很多武侠小说中，软猬甲、金丝背心这些奇门武器，可以让闯荡江湖的高人毫发无损。而加密后的邮件数据，犹如穿上了无坚不摧的铠甲，在互联网中自由驰骋，而无须再担心黑客的袭击。

获奖情况

基于国密技术的增强可控高安全性邮件系统研发与应用	三等奖

"超级大脑"让城市交通学会思考

吴建平 清华大学

四下无人的十字路口，寒风让等待交通信号灯变绿的过程异常漫长。现在，"超级大脑"已经让城市交通学会了思考，无谓的等待一去不返……

目前，我国正处于城镇化深入发展的关键时期，城镇化在为经济发展释放持续动能的同时，也为城市交通拥堵问题带来了巨大的挑战。尽管城市道路基础设施网络不断完善，但日益增长的交通需求与基础设施供给之间的不平衡仍未有效解决。作为世界范围内各大城市的通病，全世界每年因为交通拥堵造成的损失巨大，美国年损失 680 亿美元，英国年损失约 43 亿英镑，荷兰年损失达 30 亿欧元。中国每年因为交通拥堵带来的经济损失约 30 000 亿元人民币，占城市人口可支配收入的 20%，仅北京一地，年损失便达 1 056 亿元，相当于每辆车每年的平均经济损失 21 957 元。除了拥堵之外，原本就非常脆弱的城市交通系统还时常面临意外的冲击，如 2012 年北京"7.21"特大暴雨导致全城约 190 万人受困，经济损失达 116.4 亿元。

交通超脑业务框架图

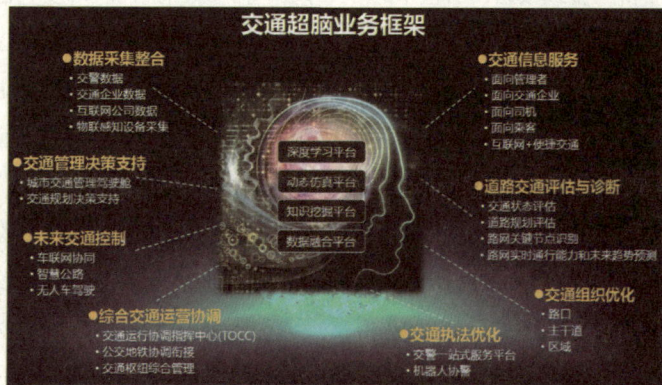

87

如何缓解北京的交通拥堵，提升北京交通系统韧性的问题亟待解决。项目团队在二十余年持续不断的开创性工作基础上，创建了以在线交通仿真技术为核心的城市交通超脑系统，为城市"交通病"开出了良方。

什么是交通超脑?

交通超脑是为解决交通规划、管理、调度、控制等一系列城市交通重大问题提出的一体化闭环解决方案，是实现交通态势监控、交通业务管理、交通信息服务、交通信号控制、区域交通组织与交通诱导、交通事件预测预报与应急响应的综合交通管理平台。在日常交通管理过程中，交通超脑首先通过对交通大数据的实时在线分析，结合交通理论模型、大数据和深度学习技术，作出实时的交通管理和控制方案，然后通过在线交通仿真系统对交通管理和控制方案做出定量的分析评价结果，最后给出优化的科学合理的城市交通管理和控制策略并进行在线交通管理和控制。

交通超脑的核心软件"在线交通仿真系统"以平均出行旅程、路口平均延误、平均排队长度、平均污染排放等为评价指标，对实际的或者假设的道路交叉口、区域路网的交通情况和交通管制方案效果进行科学评估和优化决策，使我们的城市交通系统能独立思考、自主决策、智慧运营。

客观的数据让仿真结果更可靠

交通数据的获取方式多种多样，如视频监控获得的视频、图片类的数据，地磁线圈获得的流式数据，出租车的 GPS 数据等，数据结构、维度、密度、特征各不相同。交通超脑基于大数据的时空存储技术，采用深度神经网络技术将这些数据进行跨域融合，获得在线交通仿真平台可识别与使用的标准化数据。

在线交通仿真

城市交通是由人、车、路交互构成的复杂系统，很难用简单的计算求解出其交互方式和交通系统的表现形式。作为复杂非线性交通系统的重要求解方法，交通仿真成为智能交通系统决策控制的核心技术。而传统离线交通仿真具有时空滞后性，缓解城市交通拥堵又有很强的实时性要求。基于此，项目团队在历时数年的海量交通行为数据采集的基础上，创建了基于交通行为的微观交通仿真模型和软件"FLOWSIM"，以准确模拟交通参与者的交通行为，比如驾驶者的驾驶行为、骑车者的骑行行为、步行者的步行行为。同时，项目团队原创性地开发出可与实时交通数据对接的在线交通仿真模型软件，建立了以在线交通仿真为核心技术的城市交通超脑平台，实时分析和评价路网交通状况，预测未来交通发展态势，在线管理和控制城市交通系统。

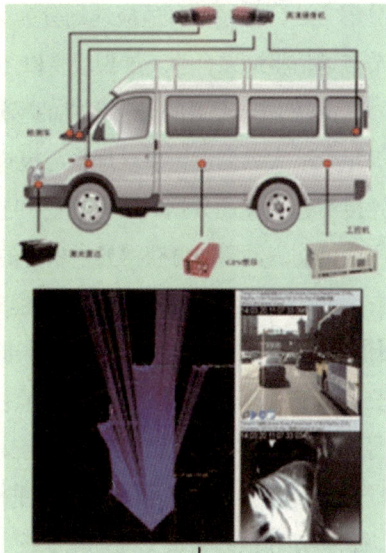

自主研发的综合检测车及测试平台

目前交通行为的数据采集多基于问卷调查、驾驶模拟仓等方式，而采取这种方式时因没有实际道路驾驶的潜在危险而使得结果存在较多主观因素。项目团队使用自主设计和安装的交通行为综合检测车进行实际道路条件下的驾驶行为数据采集，通过对不同性别、不同年龄、不同驾龄的数百名驾驶员在北京、杭州、南宁、郑州等城市的道路实测数据进行分析、整理，利用模糊数学理论建立交通行为模型，并用实测数据进行验证。模型验证结果表明，FLOWSIM仿真模型在仿真结果的精确性上明显优于国际上流行的商用交通仿真软件。

仿真平台让异常交通状况可预测

交通超脑包括感知层、融合层、应用层和展现层。"数据－模型－仿真决策"是交通超脑的三个核心决策要素。其中，感知层与实时交通数据对接，提出非线性动态交通系统的状态空间模型，通过一定方法对模型中待标定的交通供给端参数，如自由流速度、路段通行能力、驾驶员行为参数等；需求端参数，如道路实测流量、速度等进行快速参数标定。但由于各类数据的结构、维度、密度、特征各不相同，在实时对接中成了技术难点。感知层可基于大数据的时空存储技术，采用深度神经网络技术将这些数据进行跨域融合，获得在线交通仿真平台可识别与使用的标准化数据。融合层与应用层基于拓扑

分解方法，将城市自适应地划分为小区域，在计算机集群的不同节点中单独计算后通过节点通信将结果合并。展现层将以二维和三维的形式真实再现交通场景。

通常城市交通的异常事件的感知，都是基于报警与监控技术后知后觉的。基于历史海量交通大数据进行事故理论与模式识别分析，可使交通超脑在感应到实时的交通流量、速度等基本交通数据时可预先感知到未来将要发生的交通异常事件。通过在线交通仿真平台的仿真预测，可获得异常事件的影响范围及最优的动态交通组织与疏导方案。

同时，大家在平时的驾驶过程中可能也对信号灯颇有微词，觉得有时候路上并没有什么车，但要循规蹈矩地等待较长时间。交通超脑可以解决这个问题。基于深度学习的交通流分配算法实现交通流即时监控与在线信号灯配时，根据道路交通状况实时进行信号调整，真正实现道路物理空间与交通信号控制的优化组合。

基于节点失效法与动态路网重构法，城市交通超脑能够动态评价路网的实际通行能力，感知和预测城市交通拥堵状况，及时开展动态交通组织与定向交通诱导，使由于暴雨等极端气象灾害导致的交通拥堵大大缓解，使交通出行者平均行程时间节省达50%。

交通超脑让城市更宜居

实践表明，交通超脑在缓解城市交通拥堵，解决因交通拥堵而产生的交通事故、能源消耗、时间延误、环境污染等久悬未决的问题方面成效显著。除了巨大的社会效益，也节省了大量的交通拥堵导致的经济损失。城市交通超脑的全面推广应用，将极大增加城市的宜居性。改善城市出行质量，对提高百姓幸福感、社会和谐度及促进城市可持续发展具有巨大的影响意义。

目前，项目已获得发明专利7项；发表相关高水平学术论文100余篇，其中SCI收录56篇；核心技术应用于北京、南宁、郑州、无锡等多个城市的交通管理部门。另外，城市交通超脑已经成为研究有人/无人驾驶混行交通系统及全无人驾驶系统的未来交通管控技术、交通安全和效率的核心管控平台。

获奖情况　在线交通仿真技术支持下的城市交通超脑研究与应用　　　三等奖

2018年

北京市科学技术奖获奖项目

FLASH INNOVATION

创新在闪光 2018年

智能制造

上得战场寻得远方
硬派越野集智慧与"颜值"于一身

王磊 王立敏 赵子丰 周宗宇
北京汽车研究总院有限公司

越野车诞生于战争时代,"二战"时期作为提升美军部队在战场上机动性的有力武器,曾立下汗马功劳。自"二战"结束后,越野车经历了从军用到民用的转变,成为战后重建的工具,被广泛应用于林业、矿山、农场等。进入 21 世纪,随着人民生活水平的提高,越野车不再是冷血的生活工具,成了人们生活中的"大玩具"。

消费升级对于汽车来说不仅意味着更大、更豪华、更精致,同时还意味着新的消费需求的诞生。当越来越多的消费者开始注重生活品质的时候,人们的旅游休闲方式呈现出了多元化的发展态势,消费者不再只是追求目的地的享受,而更在乎旅途整体的体验。当个性化、定制化使消费者体验到独一无二的专属感时,越野车改装成了一种新的情感表达的途径。但是当中国消费者想去选择一款越野性能优越、外观时尚个性、富有改装潜力的硬派越野车时,却没有一款成熟的自主品牌的产品能够带给消费者。中国市场急需一款性价比优越的高性能越野车的出现,让诗和远方不再只是梦想,而应是美好的回忆。

BJ40 进行山路试验

中国人自己的越野车

北京汽车制造厂创建于1958年，其最具影响力的产品当属BJ-212轻型越野车。BJ-212的诞生伴随着中国汽车工业的崛起，更是中国汽车人自主创新的开端。在20世纪50年代，中国一直没有属于自己的轻型越野车，部队所装配的轻型越野车主要为苏制"嘎斯"69，还有少量缴获的美制威利斯。但随着60年代初期国际情势的发展，轻型越野汽车的国产化成为影响国家国防力量，亟须解决的国家大事。北京汽车制造厂也正是在这个时候接到中央军委发出的指示，要尽快开发出能满足部队使用的轻型越野车，1965年BJ-212轻型越野车正式列装部队，提升了我国国防力量。

而新时期的北京汽车BJ40的诞生传承了BJ-212强悍的越野性能，沿用了经典BJ-212的开式车身及大梁结构。如何让经典复活，让BJ40成为新晋"网红"成为摆在北汽人面前的一大难题。

"Off-road" 驶离公路

硬派越野的英文名称为"Off-road"，顾名思义就是驶离公路驶向更广阔的无路之境，而在中国的国标体系中其官方名称是"越野乘用车"。在越野的环境下，如果说"SUV"是颜值派，那硬派越野就是彻底的实力派；如果说"SUV"的舞台是美丽的城市柏油路，那沙漠、沟壑才是硬派越野的乐园；如果说"SUV"可以带你看尽都市的繁华，那硬派越野则能陪你看尽大好河山的壮阔。

BJ40轻型越野车在开发初期就明确要为广大的普通消费者设计一款能够满足个性化需求、拥有极强改装能力的"玩伴"。为此，BJ40首创国内民用越野车可穿戴式车身结构设计，车身主体结构为敞篷开式车身，风窗可翻倒，前后顶盖及车门均可快捷拆装，实现了多种组合，同时预留丰富的接口，提供多样的个性化改装需求。为了提高车辆越野安全性，保障驾乘人员的生命在危险状况下不受到威胁，BJ40轻型越野车采用国内外先进的抗翻滚综合防护体系，实现了车辆不易翻、不怕翻、易逃生的特点。BJ40的高安全性也成为我们追寻诗和远方的坚强后盾。

一辆能够奔赴战场的民用越野车

为了实现BJ40的高通过性和越野平顺性，研发团队采用全新开发的高安全系数专业越野底盘系统，能够在不同驱动状态下实施不同的控制策略，实现车辆在极限越野工况下的操控安全性。一副好的底盘系统犹如运动员强健的双腿，那么一台性能优异的发动机则是运动员的心脏。BJ40在动力系统开发过程中参照军车标准确定了越野机动性、高环境适应性的开发目标，全新开发涡轮增压纵置汽油发动机。

BJ40作为拥有军车血统的产品，创新引入了军用越野车的性能开发和评价技术。在机动性方面，第一是引入军车开发的极限越野速度，经验证，BJ40达到现役三代高机动军用越野车水平，可实现战时的民车军用，提升部队的机动运输能力，而民用汽车并无此项要求；第二是根据美军标准要求，设计人体吸收功率小于6瓦，加速峰值小于$2.5g$；第三是采用了随机功率谱密度定义的D级路面模拟恶劣的越野路况，优化设计悬架系统参数。

一辆军用车要具备全地域、高速度的越野能力，同时能可靠地完成机动任务。对于BJ40来说，为解决全地形、全天候的大冲击越野路况给BJ40轻型越野车可靠性开发带来的难题，研发团队决定给BJ40的研发目标设定更高的标准。在军用试验场的高难路面和盐雾防腐等试验中，BJ40各项技战术指标都远超军用车的要求。

越野能力试验

进行正碰测试

有智慧更有颜值

越野车行驶环境多为复杂路况及偏远地区，面临陌生环境、迷路、未知灾害、无手机信号、车辆故障等危急情况，BJ40充分分析越野车使用场景，考虑具体需求，独创性地开发

了北汽越野车智能互联生态系统，同时为了越野安全性及驾驶便利性，在软件系统上进行了针对性的开发。

在盲区检测方面，开发高速、高清驾驶辅助流媒体后视镜，其超大视角让后方视野地面盲区缩小至原来的1/3，同时集成电子防眩目功能提升驾驶安全性与便

BJ40 曾作为 "9.3" 阅兵礼炮牵引车

利性；通过高清显示屏集成显示前轮转向状态，实时显示的前轮转角信息也可提高驾驶安全性，特别是通过狭窄路段、倒车及不易判断方向盘角度时的行车安全问题；最后，BJ40沿用并提升了硬派越野车必备的坡度仪、指南针、大气压力和相对高度显示功能，方便在极端环境下做到准确的驾驶判断。

BJ40作为国内硬派越野"网红"产品，不仅从越野性能方面实现对国外竞品车型的超越，在外观设计方面更符合国人的审美。经典的五孔方形格栅寓意着东西南北中，车身笔直的腰线、裙线，全新的内饰设计风格，使BJ40轻型越野车充满机械美感的同时，更彰显中国人刚中带柔、柔而越强，刚毅、大气的民族品格。

BJ40的"颜值"较之于上代车型在刚毅的外表下更加细腻和精致，配合更加时尚现代的内饰造型风格，使新一代BJ40能够从容应对多种生活场景，既可奔波在缤纷的城市街头，又能纵情青山绿水间，城市越野两相宜。未来，BJ40将继续传承经典硬汉基因，用更加现代化的技术和符合国人审美的造型书写中国自主品牌越野车产品的传奇！

获奖情况

BJ40系列轻型越野汽车的研发及应用	一等奖

超重型复合机床
让中国制造更有"安全感"

刘志峰 程强 赵永胜 北京工业大学
韩胜 北京北一机床股份有限公司

超重型机床是国防军工行业亟须的超级战略装备，是保障国家安全的国之重器。通过突破超大与高精并重的世界级难题，研制出国际先进的系列超重型复合机床，让中国相关制造领域不再有"卡脖子"隐忧。

核电、航空航天、舰船等是国家重要的国防军工行业，其超大尺寸零部件的高精度加工需求对数控机床的性能与功能提出了巨大挑战。例如，第三代核电站 AP1000 核电机组实现了安全性的极大提升，但其超大零件低压内缸的加工面临诸多难题：最大直径达到 6.5 米，结构曲面复杂，要求数百吨的机床在 15 米 ×30 米（超过一个篮球场大小）的工作区域内具有 0.05 毫米（大约相当于头发丝直径的二分之一）以上的高加工精度。在此之前，只有德国、意大利等少数国家具备相关装备的制造能力，我国超重型复合机床及功能部件几乎全部依赖进口，高端装备制造业面临"卡脖子"隐忧。

搭出世界最大的"积木"

横梁是超重型机床的重要支承结构之一。

重型机床横梁

97

重型静压转台

篮球场这么大的机床，其横梁长达十几米，采用传统制造方式，工艺复杂，也不能达到绿色环保要求。

将横梁分成三段加工出来，再用螺栓将其连接起来，是一种可行的解决方案。然而，理想很丰满，现实很骨感。这种"搭积木"式的分段连接的方式对于机床的高精度保证十分不利。如何突破相关技术实现分段式横梁拥有整体式横梁的精度成为一大挑战。在此之前，全球范围内也只有意大利人作过此番尝试，但并不理想，可谓世界级难题。

研发团队首先对连接结合面的微观接触问题进行了深入研究，解决了分段连接的可靠性问题；其次，对分段式横梁的变形进行了精确计算和预测，利用相关技术进行"补偿"。这样，通过一系列先进手段制造出长达13.5米的横梁，其运动精度达到0.04毫米，甚至赶超了整体式横梁精度，达到世界先进水平！

让工件坐上最稳、最快的"旋转木马"

机床回转工作台（简称转台）是实现对加工工件进行连续回转加工的重要部件，也是完成复杂曲面加工的关键。本项目设计的转台直径长达9.5米，标准承重高达400吨，如何实现其快速、精准的转动成为一大技术难题。

项目团队采用静压技术来解决此难题：利用油液支承受载物体，在数百吨超大载荷下，转台上下两个摩擦表面被从外部压入其间隙的油液完全隔开，具有高精度、温升小、无污染等特点。然而，目前超过1米的大型平面静压支承结构的应用还不多，主要是由于油液流量大造成油膜厚度控制难以及转台表面制造误差要求高等问题，而直径9.5米的特大型静压转台在国内更是没有先例。

油膜失效是造成特大型平面静压支承故障的主要原因。项目团队对其背后的机理进行了深入研究，明确了油温控制是保证静压支承性能的重要因素，同时利用一系列技术手段将油膜厚度精准控制在 0.06~0.12 毫米；从制造工艺上，采用精整加工将表面的平面度误差控制在 0.02 毫米以内。最终实现直径 9.5 米的静压转台回转线速度高达 1 000 米 / 分钟（相当于时速 60 公里 / 小时），同时保证其回转精度达到 0.03 毫米。工件搭载在转台上，就像坐上了最稳、最快的旋转木马。

超级装备背后的强大"螺栓"

雷锋的"螺丝钉精神"激励着一代又一代的中国人，他曾在日记里写道："机器由于有许许多多螺丝钉的联结和固定，才成了一个坚实的整体，才能运转自如，发挥它巨大的工作能力。螺丝钉虽小，其作用是不可估量的……如果缺了它，那整台机器就无法运转了……"

对于超重型复合机床来说，床身多处采用螺栓连接，尤其是长达 13.5 米的超长分段式横梁，也是利用螺栓将其连接到一起。这样的极限制造工艺对螺栓连接的精度和

XKAU2980 数控桥式双龙门镗铣床

刚度提出了极高要求。因此，确实就像雷锋所说的那样，看似"不起眼"的螺栓，正是超级装备高效运转的重要保障。

项目团队通过对螺栓连接的结合面的微观规律、宏观规律进行研究，首次揭示了大型结合面微－宏尺度接触机理，解决了结合面精度控制的问题；同时，提出了高刚度螺栓连接结构装配技术，实现了其动静态特性精准预测及可控。最终，通过看似"不起眼"的螺栓，实现了整个超重型机床精准、高效和高可靠性的运行。

让中国制造更有"安全感"的大国重器

超重型复合机床是国家先进制造能力的重要体现，更是保障国家安全的国之重器。项目团队通过突破分段横梁制造技术、静压支承系统制造技术和高刚螺栓装配工艺等一系列难题，制造出产品精度指标达到国际先进水平的超重型车铣复合机床，填补了国内空白，被工信部列为"高档数控机床与基础制造装备"国家科技重大专项十大标志性设备之一，同时作为彰显中国制造新高度的代表在《大国重器》中得到重点推介！

该设备研制至今，共生产销售 17 台，单台最高售价 8 500 万元，满足了我国核电、航空航天、舰船等领域重大装备自主研发的战略需求，创造直接经济效益 5 亿元，并成功出口到韩国斗山重工，经使用证明其性能指标与欧洲同类产品相同。

获奖情况

| 高精超大尺度重型车铣复合机床精准制造关键技术及应用 | 一等奖 |

给单晶叶片制造装上"透视眼"

许庆彦 杨聪 柳百成
清华大学

　　航空发动机助力大飞机上天，而为航空发动机提供动力的，正是涡轮机和其中的单晶叶片。单晶叶片制造难、问题多，直接影响航空发动机的性能水平和使用寿命。现在，多尺度建模与仿真技术已经成为改进单晶叶片制造工艺的利器。

　　航空发动机是飞机的心脏，是国之重器。航空发动机体现了国家的工业基础、科技水平和国防实力，被誉为现代制造业的"皇冠"。其热端部件的制造技术直接影响和制约了航空发动机的水平。涡轮盘和涡轮叶片正是航空发动机热端部件的核心组件。

　　涡轮叶片的工作环境非常恶劣，对叶片的材料和结构都提出了严格的要求。目前，涡轮叶片通常采用镍基高温合金材料。为了抵抗高温、高速的恶劣工作条件，其组织已经从等轴晶发展为柱状晶和单晶。为了更好地进行冷却，叶片结构也由原来的实心改变为现在的复杂空心结构。单晶叶片的制造被工业界称为制造业"皇冠上的明珠"，代表了当今制造技术的最高水平。

通用电气制造的 GP7000 航空发动机

航空发动机单晶叶片通常采用熔模铸造和定向凝固技术制备，其制造工艺非常复杂，容易出现缩松、杂晶、雀斑、小角度晶界等多种铸造缺陷，成品率非常低，且造价昂贵，堪比黄金。使用基于物理的数值模拟技术，实现单晶叶片凝固过程温度场、流动场模拟与凝固组织、缺陷预测，对改进铸造工艺，提高单晶叶片生产合格率和生产效率、节约制造成本有重要意义。

从失蜡法到熔模铸造技术

航空发动机涡轮叶片在服役过程中要经受超过 1 600 摄氏度的高温，在这个温度下，连钢铁都要熔化。那什么样的材料才能够经受这么高的温度呢？答案是镍基单晶高温合金，它由镍、铝、钴、铬、钼、铼、钽、钛、钨等多种高熔点合金元素组成，通过熔模铸造工艺制造成一个完美的单晶体，以抵抗如此高的使用温度。熔模铸造又是什么样的工艺呢？这得从中国传统的失蜡法说起。

失蜡法也称"熔模法"，是一种青铜等金属器物的精密铸造方法。使用失蜡法制造青铜等器物时，首先用蜂蜡做成器物的形状，用耐火材料填充芯子，并制作外模；然后加热烘烤，蜡模完全融化并流出，整个铸件变成了一个空壳；最后从设计好的浇口向模壳内浇注融化的金属液体，凝固之后便铸成了所需要的器物。

"二战"时期，一位叫奥斯汀的美国飞行员驻扎在云南的时候接触到了中国的失蜡法铸造技术。这位飞行员在回到美国后仿照此法发明了熔模铸造技术，并申请了

采用失蜡法铸造的云纹铜禁

专利——而熔模铸造技术，因其能制造带有复杂曲面、空心的铸件，很快就被用到了航空发动机叶片的制造中。普通熔模铸造得到的铸件属于多晶体，晶体之间的晶界存在大量低熔点物质，在高温下晶界会率先熔化。为了消除晶界的不利影响，科学家们发明了定向凝固熔模铸造技术用来制备完整的单晶体叶片。定向凝固熔模铸造技术是在普通的熔模铸造技术基础上加入了一个垂直方向的温度场，来限制晶体的生长方向。通过技术手段保证只有一个晶体能够生长到铸件中。从失蜡法到熔模铸造技术，古

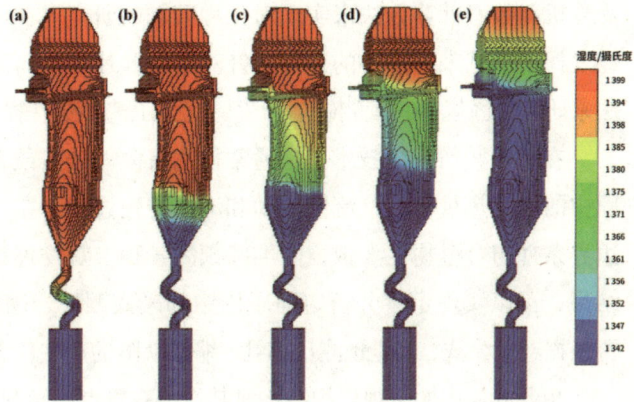

单晶叶片宏观温度场计算结果

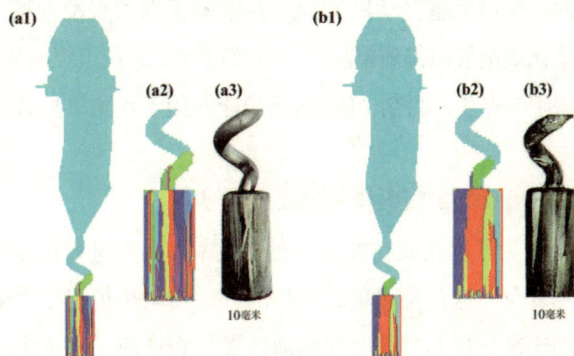

单晶叶片组织缺陷模拟结果与实验结果对比

人的智慧帮助我们实现了复杂单晶叶片的制造，为人类飞向天空注入了更强大的动力。

建模与仿真技术助力单晶叶片制造

使用定向凝固熔模铸造工艺生产得到的单晶叶片通常包含多种铸造缺陷，如缩松、杂晶、雀斑、取向偏离、小角度晶界等。这些铸造缺陷的产生严重降低了单晶叶片的成品率，目前，单晶叶片的成品率很低。使用传统方法来解决单晶叶片各类铸造缺陷的产生既费时又费力，而且花费巨大。那么怎么样才能防止缺陷产生又省时省力呢？这就要依靠建模与仿真技术了。建模与仿真技术是基于物理规律，依靠

103

计算机和数值计算方法来实现对工程问题的研究。在铸造领域，建模与仿真技术已经发挥出了越来越重要的作用，针对单晶叶片的定向凝固过程，使用建模与仿真方法来研究凝固规律、预测缺陷产生、优化工艺参数、提高成品率就显得尤其重要。

在铸造数值模拟技术中，通常使用有限差分法或者有限元法来计算单晶叶片凝固中的宏观热量传递、流体流动和溶质传输过程。在计算中，使用实验测量得到的边界条件与合金物性参数，能准确预测各种宏观物理场的演化过程。基于这些计算结果，可以实现定量分析定向凝固中的凝固顺序、固液界面位置、糊状区宽度等。再依据经验公式，就能预测出缩孔、缩松缺陷的产生位置，为优化生产工艺提供依据。

单晶叶片中的微观组织结构对其性能有着重要影响，现在的数值模拟手段已经能够模拟出单晶叶片定向凝固中的组织演化过程。凝固过程微观组织演化模拟方法有两种，其中元胞自动机（CA）法能够根据宏观温度场、溶质场的计算结果，依据一定的演化规则模拟得到单晶叶片生长过程中晶粒组织的演化过程，并能预测杂晶、取向偏离缺陷的产生。目前，CA法已经能够用于预测单晶高温合金凝固过程中的组织演化过程。

单晶叶片数值模拟技术的未来挑战

为了提高航空发动机燃油效率，涡轮进口温度越来越高，单晶叶片的设计也越来越复杂，这些都对单晶叶片的设计与制造提出了严峻的考验。单晶叶片数值模拟技术的未来发展和单晶叶片制造的发展相适应。在未来，单晶叶片数值模拟技术还将面临许多挑战：第一是提高计算的准确性，针对单晶叶片各种铸造缺陷的形成机理，提出更完善的模型，以更加准确地预测缺陷的形成，为优化工艺提供参考；第二是发展智能化计算方法，未来的计算不再需要操作复杂的软件，也不需要专业知识，只需要按下一个按钮就能实现复杂的运算，得到模拟结果与分析报告；第三是发展高通量并行化计算，利用超级计算机实现多个算例并发运行，提高计算效率，节省时间。

获奖情况 航空发动机高温合金叶片定向凝固
多尺度建模与仿真技术及工程应用
一等奖

于方寸间勇攀精密加工的"珠穆朗玛"

胡楚雄 方方
清华大学

蒸汽机作为一个现象级的神器，它的出现打开了人类步入工业文明的大门。它所提供的源源不断的动力，极大地推动了现代工业的发展。而钢铁作为那个时代的"砖和瓦"，造就了巍峨的现代工业社会大厦。如今，芯片已经取代钢铁成为信息时代的基石，提供核心发展驱动力的蒸汽机也被制造芯片的高端装备所取代。

早在 2013 年，我国的芯片进口总值就已超过石油成为第一大进口商品。芯片的广泛应用对社会生活的各个方面都产生了巨大影响，国民经济、国家安全也都系于小小芯片的方寸之间。要真正实现经济腾飞、大国崛起，我国必须摆脱在芯片上对外的高度依赖，而拦在通往芯片自主之路上的最大障碍就是以光刻机为代表的集成电路制造装备。

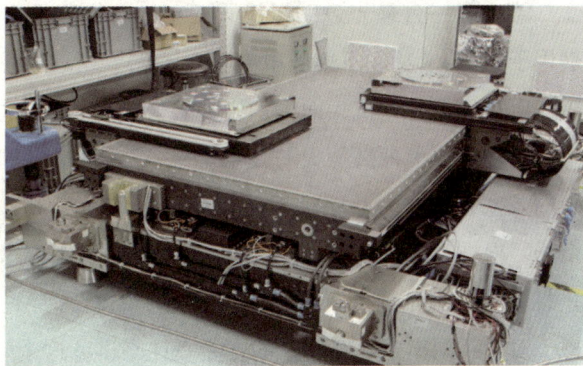

光刻机双工件台

精密加工的"珠穆朗玛"

与手工、机床这样的常规制造方式不同，光刻机以光作为刀具。由于光的波长极短，典型的在百纳米量级，所以光刻刀具极其锋利，业内称之为

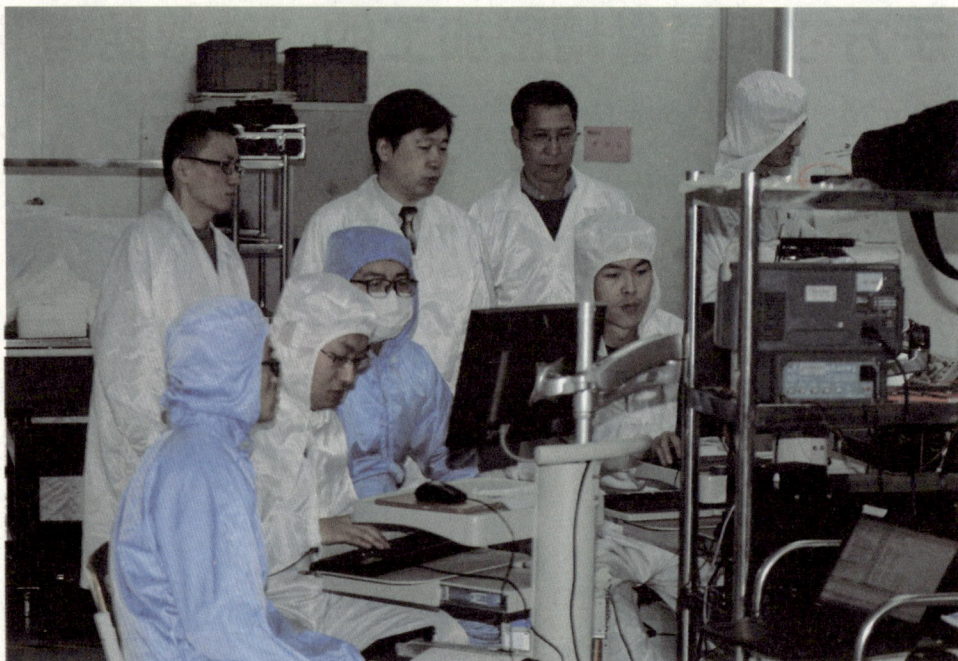

研究团队反复钻研

光刻分辨率。光刻工艺极其复杂，以芯片为例，复杂的芯片需要上百次套刻和数千道工艺、几百种设备才能完成。结构超微细——头发的直径约为80微米，而最先进的光刻机加工能力能够达到7纳米，是头发直径的1/11 400，能够在头发表面加工各种复杂结构。

当今，一台最先进的浸没式双工件台光刻机售价高达1亿美元，这种光刻机可被用于10纳米及以下集成电路制造工艺节点。放眼全球，只有荷兰ASML公司能够生产出这样的光刻机，而国内性能最好的样机尚只能用于90纳米工艺节点。高昂的资金门槛，数十种高精尖的技术"瓶颈"，将全世界的高端光刻机生产局限在非常有限的几家企业之内，而对于最新型的EUV光刻机，ASML公司更是完全垄断了整个市场。根据"瓦森纳协定"，西方国家向中国销售这类先进装备有着明确的限制：禁止将最先进的光刻机卖给中国，禁止用他们出售的光刻机生产国防及航天等核心器件。对于我国集成电路产业的自主发展来讲，这个限制犹如巨人被卡住了咽喉。

光刻机，这个被周光召先生誉为新时代"两弹一星"的"神器"，以其极高的加工精度被业界视作微细加工的"珠穆朗玛"，突破国外技术封锁，解决国内"缺芯"现状是我国半导体行业发展的当务之急。

"精密机械之王"

光刻机中最关键的两个子系统是超精密曝光光学系统和超精密工件台系统，它们分别代表了超精密光学和超精密机械的技术最高峰。光刻机的研制能力，不仅反映出一个国家的科技实力，也代表了一个国家的精密/超精密制造水平。

为实现在芯片上极端精密的曝光工艺，工件台系统需要在极高的运动速度下实现优于2纳米的运动精度，这相当于头发丝直径的四万分之一。如此极端的性能指标，使光刻机工件台成为当之无愧的"精密机械之王"。

国外业界曾认为，中国人现在不能、未来也不可能造出如此高精密超复杂的光刻机设备。日本尼康株式会社的社长来中国访问时曾说："光刻机光学系统虽然很难，我相信你们能够研制出来，但工件台恐怕就不行了，因为这个系统太复杂了。"然而，就是这么一个被公认为"太复杂"而不可能被中国人解决的科技难题，如今已被清华大学朱煜教授带领的团队攻克了。

实现国产技术跨越

双工件台技术一度是ASML公司的独有技术，其突出特点是高精度、高产率，并且测量与曝光干湿分离，极其适于浸没光刻。凭借该技术，ASML公司一举成为光刻机市场的领跑者。该公司在第一代气浮直线电机双台技术大获成功后，引入了第二代基于磁悬浮平面电机技术的双工件台，彻底改变了高端光刻机市场格局，市场占有率连续多年保持在80%以上，成为绝对的市场霸主。因此，掌握双工件台技术只是国产光刻机具备市场竞争力的必要条件。研制国产双工件台，不仅要面对一系列技术难关，更要面对领先者十几年来设置的重重专利壁垒，如果不能打破这些壁垒，即使能够突破技术难关，国产双工件台也无法实现市场化。

为突破专利壁垒，快速缩短我国工件台技术与国际领先水平的差距，清华大学研发团队将气浮支承与平面电机相结合，创造性地提出了基于"气浮平面电机"的

双工件台技术方案。相比于 ASML 公司的磁浮平面电机方案，该方案保留了平面电机体积小、重量轻、推力大、动态特性优等特点，同时大幅降低了电机的控制难度和功耗。永磁同步平面电机技术的突破是国产双工件台能够实现技术跨越的最重要一环。

在设计理论方面，研发团队采用特殊线圈解决了电机平稳性问题，提高了跟踪精度；创新的电流分配方案解决了高加速度带来的散热问题，同时大大提升了推力，满足了项目要求。在制造工艺方面，采用新材料解决了平面电机动子散热、自重、涡流等问题，大幅提升了平面电机的制造精度、流道密封性能和散热性能；智能纠错工装解决了磁钢的精准装配问题；特殊涂层及精密研磨工艺解决了大尺寸永磁气浮平面的制造问题。

气浮平面电机双工件台的研制成功，标志着我国成为世界上少数可以研制光刻机双工件台这一超精密机械与测控技术领域最尖端系统的国家。

"十年磨一剑，百天一纳米"

2016 年 4 月 28 日，"光刻机双工件台系统样机研发"项目研制出的两套样机通过了专项实施管理办公室组织的正式验收，关键技术指标达到了国际同类光刻机双工件台技术水平。项目完成专利申请 231 项，其中国际发明专利 41 项，已授权 122 项。

十年磨一剑，在朱煜教授带领的团队辛勤工作下，集成电路制造装备中最核心的装备——光刻机的双工件台技术获得了重大跨越，其配套的产业化得到了进一步的发展，逐步摆脱了我国在光刻机核心部件方面受制于人的现状，推动了我国集成电路制造装备行业的发展。

获奖情况

纳米运动精度光刻机超精密双工件台技术与应用	一等奖

带电粒子获得高能量的
神秘"低温黑匣子"

葛锐 韩瑞雄 李少鹏
中国科学院高能物理研究所

　　超导加速器是用超导性的加速腔或磁体建成的加速器，它是 20 世纪 60 年代以来随着超导技术的发展逐渐成熟起来的一类新型加速器，在经济上和技术上具有巨大的优越性。超导加速器中的超导设备一般集成在液氦温区的神秘"低温黑匣子"——大型低温恒温器中。

　　物理学家用粒子加速器来回答基础物理学的问题——我们的宇宙是怎么来的、为什么物体具有质量等。粒子加速器通常体型巨大，在美国芝加哥附近费米国家实验室的万亿电子伏加速器周长有六公里，而日内瓦的大型强子对撞机还要再大四倍，而且它们都非常昂贵。粒子加速器早在几十年前就逐渐走出实验室，渗入了工业界，而且科学家们还在不停设想着新的应用领域。

粒子加速器让时空旅行具有可能性

　　根据爱因斯坦提出的相对论，当物体运动速度达到光速时，其时间流逝也就相

大型低温恒温器 CM1 与 CM2 在 ADS 注入器 I 隧道内

对停止了。2010年，英国物理学家霍金在《每日邮报》上发表文章，霍金认为：粒子加速器很有可能是将来人类完成时空旅行的机器，而进行时空旅行的前提就是我们可以制造像粒子加速器一样可以给人类加速的机器。

粒子加速器可以制造出无限接近光速的速度，使得粒子因为速度被赋予了极高的能量。粒子加速器使带电粒子在高真空场中受电场力加速、磁场力控制而达到高能量。带电粒子在轨道内由于磁场力的影响速度会越来越快，最后可以达到一个令人不可思议的速度，那就是无限接近光速。

在20世纪70年代，德国核物理研究所为了证明爱因斯坦的钟慢效应，就使用粒子加速器将锂离子加速到光速的33%。目前，费米国家加速器实验利用超导加速器将粒子加速到光速的99.997%，这是人类可以制造出最接近光速的速度了，而且粒子的质量极轻，几乎可以忽略不计，这使得时空旅行又出现了可能性。

掀开神秘"低温黑匣子"的面纱

带电粒子获得高能量的神秘"低温黑匣子"——大型低温恒温器，作为超导粒子加速器的关键设备，其作用不仅是为众多超导加速部件持续提供液氦低温超导环境，更重要的是将这些设备统一集成在"低温黑匣子"中，满足各个设备的工作条件，形成一个有机整体。作为内部核心部件的"哼哈二将"——超导高频腔与超导磁体，默契配合发挥威力，保证带电粒子速度提升和运行轨道矫正。除此之外，低温恒温器还囊括高功率耦合器、调谐器、束流诊断检测器等辅助设备。这些设备组成的高真空系统就像一列由多种车厢组成的封闭列车，开进由液氦逐级冷却的"低温黑匣子"中。为了防止颗粒污染，"列车"的组装需要在洁净间来完成，洁净间内污染颗粒的数量比医院手术室还要少10倍以上，同时在后期"黑匣子"的组装及整个加速器调试过程中一直保持着这样的高洁净程度。

大型低温恒温器是工作在极低温度下的一种高真空绝热容器，其核心任务就是使工作温度恒定在某一设定值，令环境的变化对中心低温区域影响较小，隔绝外部热量。低温恒温器通过多种技术在热传导、热对流、热辐射方面进行绝热设计，使得低温液体能够实现长时间的保存。对于非工作状态的静态热负荷，包括支撑漏热、辐射漏热、各种连接漏热、设备电缆以及信号引出电线漏热等；工作状态时的动态热负荷，包括超导高频腔负载、电流热效应及耦合器产生的热量等，恒温器不仅要平衡掉静态热负荷和动态热负荷，还需要根据其负载变化迅速做出反应，防止温度、压力、液位等数值波动较大，影响整个系统的稳定性。

大型低温恒温器体型庞大，然而内部带电粒子通过的束流管直径一般较小。结构复杂、体型庞大的大型低温恒温器需要具备低漏热、高强度、高效率、高精度、高可靠性、智能化等性能来保障加速器物理设计指标。

"低温黑匣子"的温度有多低

1934 年，在英国卢瑟福实验室工作的苏联科学家卡比查发明了新型的液氦机，液态氦才在各国实验室中得到广泛的研究和应用。液态氦的临界温度为 –267.9 摄氏度，临界压力为 2.25 个大气压[①]，当液化后温度降

TIPS

4.2 开

物理学把零下 273.15℃叫作绝对零度。这个温度标叫作绝对温标，用开表示。0 开约等于零下 273.15℃。

中科院高能所为欧洲 EXFEL 项目提供的 58 台大型低温恒温器在隧道内集成

—————
①1 个大气压 =101.325 千帕。

到 −270.98 摄氏度以下时为超流氦,其表面张力小,导热性强,几乎不呈现任何黏滞性。

现代工业中,大规模使用液氦,需要通过昂贵的大型透平制冷机,通过一系列复杂的工艺才能将氦气液化为 4.2 开饱和液。超流氦是在 4.2 开饱和液氦的基础上经过一系列复杂的工艺而获得,分为饱和态超流氦(2.1 开)以及过冷态超流氦(1.8 开)。超流氦作为一种性能优异的冷却剂,具有黏性系数极小、热导率极大以及固体超流等特性,可满足超导腔的优异性能和整体低温系统的稳定性,同时作为一种超流体能沿容器壁向上流动,容易泄漏,要求设备有很好的密封性能。

丰硕成果服务国内外大科学工程

当前,低温超导技术可以说是国际粒子加速器领域的热点,国际上的大科学工程大多采用低温超导技术,这就需要数以百计的大型低温恒温器,有正在建设和调试的大科学工程——欧洲 X 射线自由电子激光、欧洲散裂中子源、美国费米实验室的相干光源二期、美国密西根州立大学的稀有同位素装置等;未来规划或者即将建设的大科学工程——高能同步辐射光源、上海硬 X 射线自由电子激光、中国环形正负电子对撞机及超级质子对撞机、日本国际直线对撞机等。

项目组通过大胆创新,对多项关键技术进行攻关,成功研制了加速器驱动次临界系统 2 开超流氦大型低温恒温器,同时也是国际上首台带束流运行的 Spoke 型超导腔大型低温恒温器。项目成果应用于大科学工程当中,并与国内外科研机构建立联系,进行项目合作,如德国高能加速器研究机构(DESY)、美国费米加速器实验室(Fermilab)、美国密歇根州立大学(MSU)、北京大学等。

大型低温恒温器作为超导粒子加速器的核心设备,占整个项目经费的比例较大,具有较大的社会经济价值和效益。恰逢国家提出"智能制造""高端制造"等政策,我们应该顺应国家的政策潮流,利用我们的技术优势,在国内外大科学工程中发挥作用。未来,中国科学院高能物理研究所低温项目团队将紧跟世界热点,积极创新,大胆开拓,继续为国内外的大科学工程做出贡献。

获奖情况

超导质子加速器 2K 超流氦大型低温恒温器关键技术研究及应用	二等奖

震惊世界的 43 小时 "搭桥"

杨勇 张连普 北京市市政工程设计研究总院有限公司
段文志 北京市交通委员会路政局

三环路是北京市的一条交通大动脉，三元桥处在三环路、机场路和京顺路交叉的重要节点。在这样一个交通节点进行桥梁维修，需要制定一个尽量快的拆旧建新方案，减少施工占路时间，减少桥梁维修对交通的影响。这不仅仅是一个工程技术问题，工程师们采用了一个整体驮运换梁的方式，仅用 43 小时就完成了桥梁的拆旧换新，创造了震惊世界的"中国建桥速度"。

三元桥建成于 1984 年，到 2015 年时，30 多年的时间，三元桥的成长见证了城市的发展和变迁，并为此尽心服务，"身体"已经大不如前。2003 年，为了适应不断增长的交通量，三元桥从最初设计的三上三下调整为五上五下的交通模式，这也为三元桥的病害埋下了安全隐患。2014 年，常年超负荷的三元桥在"体检"的过程中被诊断为不合格，桥梁的大修迫在眉睫。

新梁驮运

113

三元桥整体驮运换梁设计团队

三元桥鸟瞰图

桥梁维修面临的交通压力

据资料记载，三环路总长近49公里，是北京第一条建成通车的环路，后经多处改扩建，逐渐成为快速环路。三环路唯独玉泉营环岛一处，直到1999年国庆前，才改造成立交桥，从此三环路作为全立交的城市快速路全线建成。

数据显示，1984年，也就是三环桥建成的时候，北京机动车保有量为20万辆。而90年代前后，也是城市开始大规模建设、公交车客流大增长和私人小客车逐步发展的年代。到2014年，北京机动车保有量已达560万辆。如此数量的机动车保有量，在早晚高峰时段，城区内道路90%以上处于饱和或超饱和状态，干道平均车速为每小时20公里左右，有些路段的车辆通行时速竟然降到十公里以下。在三元桥处，高峰时段每小时通车量高达1.3万辆，日均车流量20.6万辆；同时还有48条公交线路经过该桥，日均搭乘72.7万人次。

交通拥堵已经成为城市难题，在这样的情况下进行桥梁维修，势必加剧交通的拥堵状况。桥梁维修面临着现场施工加剧拥堵、拥堵又制约施工的两难困境。特别是三元桥所在的三环路，如果在三元桥进行长时间桥梁拆旧换新施工，三环路这条交通大动脉以及京顺路和机场路等交叉干线，甚至是北京东北部地区的交通都将陷入将近瘫痪的状态。

给三元桥做"搭桥手术"

三元桥这个重要的交通节点，对于三环路和北京东北部地区的交通都具有非同寻常的重要意义。在三环路这条大动脉上进行三元桥的维修，犹如进行一次"动脉搭桥"手术。最初，桥梁的备选改造方案有很多，都是一些常规方法，并且都涉及一个共同的问题——断路。三元桥所在的三环路每封闭一小时，都会造成极大的社会影响和经济损失。而这些常规的方法进行桥梁更换需要断行交通长达数月时间，直接面对的是巨大的交通压力，这种压力如果处理不好，很可能转化成为一种社会压力。

三元桥必须进行改造，怎么改？用什么方案改？这个"动脉搭桥"手术该怎么做？用什么方法才能在最短的时间内完成三元桥的更换？怎样既解决三元桥所存在的问题，又能将对社会交通的影响减到最小？为实现最好的社会公共服务，在三元桥这样一个交通压力大、位置敏感的地方进行桥梁维修改造，需要采用新型桥梁快速更换技术，降低对社会交通的影响。

桥梁建设者想到了一个近乎完美的方案，让新的桥梁自己长腿走过去。类似的技术在西直门桥和昌平西关环岛桥改造时曾使用过。随着技术设备的更新换代，改造方案也发生了突破性变化。方案的基本思路是：先在桥梁附近的地方把新桥的大梁做好，拆掉旧桥的大梁，用驮梁的设备在最短时间内把新梁架设到位。

2006年，西直门桥换梁时，把新梁放在可滑动的起重架上，通过铺设轨道牵引新梁的方法，施工总用时56小时。2012年，昌平西关环岛桥换梁用的是驮梁车，累计用时112小时。与2012年时的设备相比，2015年的驮梁车已经发展成为更加先进的，集"驮""运""架"为一体的千吨级设备，有"神驮"的美誉。

经过多方论证，建设者们决定利用一个周末的时间采用两台国际领先的千吨级驮运架一体机进行三元桥的更换改造。

43 小时快速"手术"

建设方案一经确定，紧张的工作便全面展开了。2015 年 9—10 月，一切准备工作都已就绪：桥墩加固完成；桥区的场地经过了改造，保证驮梁车行驶的平稳和断路时应急通行；新梁拼装完成，暂置在离老桥不到 20 米的地方；"神驮"经过多次试验和调试，也已经就位了；项目组经过多次动画推演，对整个过程了然于胸；应急预案也部署完毕。

2015 年 11 月 13 日晚 23 时，三元桥主梁整体更换正式启动。首先是旧梁的切割和起吊运离，至 15 日 6 时 50 分，也就是 32 小时后，旧桥最后一片主梁切割拆除完成；场地清理后，15 日 9 时 09 分，在北斗导航系统和激光循迹系统的引导下，两台千吨级驮运架一体机装载着 1 350 吨的新梁，沿着既定轨迹精确行驶；11 时，新梁以毫米级精度平稳就位，就位时间仅用 2 小时；桥面铺装沥青和划线等工作完成后，15 日 18 时，三环路和京顺路交通恢复。

43 小时，三元桥整体换梁工程全部完成。43 小时是什么概念呢？与传统施工方法相比，工期缩短 98%。更现实的意义是，三元桥改造中的关键技术解决了城市桥梁更新对社会、交通影响的"瓶颈"问题，多项专利、工法和多篇科技论文在技术开发与应用中获得重大超越，显著促进了行业科技进步，总体达到国际领先水平，对同类工程具有很大的指导意义和示范作用。

"中国速度"引盛赞

三元桥仅用时 43 小时就实现了桥梁整体置换，在行业内部和社会上引起了极大反响，国内外舆论盛赞新的中国建桥速度，北京电视台进行了全过程直播。中央电视台在《2015 我们的获得感》栏目中，以"创新引领发展、创新带来动力"为标题进行了专题报道，并登陆中央电视台《超级工程》和国家形象系列宣传片《中国一分钟》的展播。美国土木工程师学会、世界高速公路网等 30 多家世界土木工程顶尖组织也进行了报道。

获奖情况	基于驮运架一体机的桥梁快速整体置换关键技术研究与应用	二等奖

演练月面着陆起飞，助"嫦娥五号"整装待发

任德鹏

北京空间飞行器总体设计部

在火箭发动机产生的灼热气浪和巨大的轰鸣声中探测器缓缓降落，完成任务后又在一团火焰中腾空而起，消失在茫茫太空。这一幕并不是想象的画面，而是我国月球探测器着陆起飞地面验证的真实场景，这个过程已经重复了上百次，而且实施地点就位于北京市大兴区。

中国自古就有"嫦娥奔月"的传说，故事中嫦娥所吃的仙丹就是一张奔赴广寒宫的单程票，一去不能复返。如今，我们自行研制的命名为"嫦娥"的月球探测器，不仅要登陆月球，还要能够再次返回至地面。实现地月之间的安全自由往返，已经超越了古人的想象，并且今天我们还能够目睹这一过程。

神奇的旅程

"嫦娥工程"是我国探月工程的通俗叫法，分三个阶段实施，包括一系列的探测器，其中"嫦娥五号"承担了月面着陆、月球样本采集

试验场全景

和重返地球的任务，它由着陆器、上升器、返回器和轨道器组成。

搭载运载火箭升空后，"嫦娥五号"将直奔月球飞去，月面着陆前探测器首先要降低飞行速度，使自己变成月球的卫星。随后，探测器将一分为二，轨道器和返回器继续环绕月球飞行，而执行着陆、采样和起飞任务的着陆器和上升器再次刹车减速，计划着陆至月球正面的"风暴洋"地区。着陆后，探测器先后完成月球样本采集和科学探测任务，随后上升器携带月球样品从月球表面起飞升空，与处于等待状态继续绕月飞行的轨道器和返回器对接，并把月球样本传送到返回器内，最终由返回器携带样本重返地球。

名副其实的"风暴洋"

"风暴洋"其实是一片广袤的平原，与月面的山地和高原相比，"风暴洋"的地势相对平坦。即便如此，它的表面也密布着大小和数量都不相同的撞击坑、石块和月坡，相对于探测器的尺寸而言，月面地形的起伏就相当于波涛汹涌的大洋，"风暴洋"可谓名副其实。

就像飞机的着陆一样，"嫦娥五号"探测器月面着陆也是逐渐降低飞行高度和速度，不过它的航线并不十分安全，在500多公里的航迹上存在着3公里的地面高程差。想象一下飞行员在操控飞机降落的过程中，

TIPS

风暴洋

风暴洋是月球最大的月海，南北径约2 500公里，面积约400万平方公里。风暴洋位于面向地球一面的西侧，是一片广阔的灰色平原，四周有小型的月海，如南面的云海、北侧的雨海等。风暴洋由远古火山喷发形成的玄武岩构成，年龄为32亿~40亿年。充填风暴洋的岩石主要是月海玄武岩，其年龄为32亿~40亿年，还有含钾、稀土元素及含磷酸盐较高的特殊岩石克里普岩。

着陆试验

眼前突然出现一座千米高山的情景……月面上没有专用的机场，更没有导航台的引导，探测器只能依靠自身设备进行导航，时刻关注着高度、速度以及周围的地形，还要快速找到最合适的安全着陆点，况且这一切都要在限定的时间内一次性完成，否则探测器将会失去燃料而坠毁，没有重复的机会。如果相同的情况出现在飞机的迫降过程中，相信即便是最出色的飞行员也很难做到。

完成月面工作后，探测器要从月面垂直起飞并与环月飞行的轨道器和返回器对接，这个过程就像两颗飞行的子弹在空中完成碰撞一样需要极高的精准度，俗话说"失之毫厘，谬以千里"，月面起飞阶段决定了最终的对接精度。不同于地面火箭的发射，探测器月面起飞没有任何辅助途径，只能自主完成测量和准备工作。起飞时探测器的姿态有很大的随机性，松软的月面也无法提供稳定的支撑，好比表演走钢丝的杂技演员，探测器也需要超强的平衡控制能力，否则"一失足成千古恨"。

"嫦娥五号"的月面着陆和起飞过程并非想象般浪漫，稍有失误便会出现致命危险，那其实是一段惊心动魄的历程。

地面试验困难重重

为充分验证探测器的设计，保证安全实现月面的着陆和起飞，在"嫦娥五号"研制的初期阶段便规划了对应的试验项目。然而，地面环境与月球表面有巨大的差异：首先，月球的重力加速度只有地球的六分之一左右，换言之，探测器在地面受到的重力作用是在月面的六倍，也就是说相同的动力能够支持探测器在月面起飞，但在地面试验中还远远不足；重力环境不同还会影响探测器导航设备的工作性能，使探测器的位置估算出现较大偏差；试验目的是验证探测器真实的工作

119

性能，这意味着不能改变其原有的设计状态，而重力场是无法改变的环境因素，地面试验中只能对影响作用进行抵销处理。

其次，月球上没有大气，探测器的飞行动力均源自火箭发动机，而地球表面被浓厚的大气层包围，在大气背压环境中发动机的推力会出现衰减，原本真空中 7 500 牛推力的发动机地面推力不足 5 000 牛。地面大气的存在还会对探测器产生运动和干扰阻力，10 牛的受力偏差就足以影响探测器的运动。此外，地面光照、地形等环境的差异也将影响探测器的工作性能，试验设计中也需要重点考虑。要复现探测器月面真实着陆起飞过程就必须同时解决上述问题，这具有极大的难度，当前国际上也没有相关的先例和经验，只能依靠我们自主创新、攻坚克难。

攻坚克难，复现月面着陆起飞

面对压力和困难，经过三年的不懈努力，项目团队攻克了地面试验的关键技术，设计并开发出综合试验系统。其中，试验塔架是整个系统的核心，它的主体由十根支撑钢架组成，高度达 110 米，相当于 30 层楼的高度。位于中心的四根钢架组成了跨距超过 60 米的框架结构，它承载了塔架大部分设备的重量，为探测器提供着陆和起飞的试验空间。这套结构总重量接近 1 000 吨，可谓一个"大块头"，与试验场周边的建筑物相比显得格

起飞试验

外注目，央视专题采访中称其为"百米巨塔"。

"百米巨塔"的性能同样超群，它能将近2吨的物体以1倍的重力加速度进行垂直提升，百公里加速能力不到3秒，即使最出色的跑车在它面前也自愧不如。它能提供恒定的拉力，无论加速还是减速，也不管运动速度的快慢，即便在15 000牛拉力输出的条件下它也能将拉力维持在±10牛的变化范围内，这相当于一辆家庭轿车与两瓶矿泉水的重量比对。更出色的是，这套系统还能够实时监测并主动跟随探测器的运动，探测器向哪运动它就随之同向运动，不会产生附加的干扰影响。利用塔架吊绳提供的拉力辅助，解决了地面重力和干扰力的影响问题，最终实现了对探测器月面着陆起飞过程受力状态的模拟。

由于试验实施地点位于北京市大兴区的长子营镇，过程中涉及甲基肼和四氧化二氮两种剧毒、易燃、易爆推进剂的运输、储存、加注、点火、洗消等操作，推进剂总需求量高达2吨，一旦发生意外将产生不可挽回的损失。为提高安全性，试验的设计及实施中均采取了最严格的保障及处理措施，所有的危险操作都采用了远程遥控的方式完成，杜绝了人员伤亡事故的发生。在试验场区周围布置了有毒气体浓度报警设备，并专门研制了中和装置对废气进行收集和"消毒"，北京市环保部门全程监督了试验的实施并进行了气体监测，测试结果符合环保要求，实现了"绿色试验"的目标。

项目团队通过创新研发——攻克了地面试验的系列难题：新技术的采用，治疗了探测器"水土不服"的难症；充分的设计和保障，奠定了试验的可靠和安全。试验中探测器各项遥测数据表明，她丝毫没有觉察出自己是在地面上飞行，也让我们有幸直观感受到了探测器月面着陆和起飞过程的震撼。

反复演练，成果显著

综合试验系统通过验收测试后便投入了紧张的试验阶段。在持续一年的时间里，"嫦娥五号"探测器共计完成151次着陆起飞过程的物理验证，获取各类直接数据近500吉字节，发现并改进了三类设计问题，优化了探测器的设计，极大提高了任务的可靠性，为任务的圆满完成奠定了坚实的基础。目前探测器已完成所有的研制工作，整装待发。

　　该项目获发明专利5项、登记软件著作权2项、发布航天行业标准5项、支撑了1项国家重大科学仪器设备的开发立项，项目建成了国内唯一集航天器总装、测试、维修、加注和试验于一体的综合性航天基地。试验的圆满成功，标志着我国成为世界上少数完全掌握了月面着陆与起飞验证技术的国家。试验方法和设施已经应用于我国火星探测器的研制，推动了我国地外天体探测器试验技术的跨越式发展。

　　"嫦娥奔月再续佳话，采样返回超越梦想"，这个目标已经近在咫尺。

"风""电"融合 让飞机飞得更高

聂万胜 车学科 王辉 中国人民解放军战略支援部队航天工程大学
邵涛 中国科学院电工研究所

临近空间无人机是如何设计出来的？如何准确预知飞行高度、航程、载重量？如何精准掌握飞机各部件的受力情况？航天工程大学研制的先进流动控制实验平台通过合理设计，将"风"与"电"完美融合，让飞机飞得更高了……

作为一种重要的交通工具，飞机已经在我国得到了广泛应用，而临近空间无人机更是世界各国当前的研究热点，它的飞行高度比飞机高，因此视野更广，但又比卫星低，抗干扰能力更强，并且能长期驻留在某一空域，可不间断地观察目标，对国家安全、国民经济都具有重大战略意义。

TIPS

临近空间

20~100公里的空域基本还是人类长时间飞行的空白区域，这一区域就是临近空间。

欲穷千里目，更上一层楼

临近空间的空气非常稀薄，20公里高空的大气密度仅为地面的1/14，"弱水三千里，鹅毛飘不起"，这就造成飞机升力严重不足，就像船可以在水中航行，但在空气中就不行了。在临近空间飞行的无人机怎么解决这个问题呢？它

对风洞进行流场测试

123

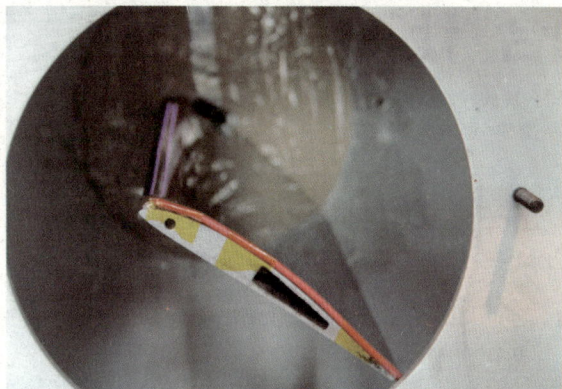

安装在风洞中进行等离子体流动控制实验的无人机翼型

们通常会使用超过 50 米长的大型机翼，但这样的机翼也只能承载一个婴儿的重量。相比之下，载客 150 人的空客 A320 翼展仅 34.1 米。

当前的重要问题，就是如何提高临近空间无人机的载重。为此，课题组提出利用等离子体流动控制技术改善无人机周围的空气流场，达到增加升力、减小阻力的目的。等离子体是固体、液体、气体之外的第四种物质形态，它类似气体，由带电的离子、电子和不带电的中性粒子组成，能够像金属一样传导电流，宏观上则呈现为电中性。等离子体流动控制技术是一种优势特别明显的新型技术，它利用气体高压放电，在机翼表面的空气中产生等离子体，并通过等离子体产生的力、热对气流进行干扰和控制。

好风凭借力，送我上青云

普通客机能够在海拔 10 公里以上的平流层进行巡航飞行，就是因为这里的气流非常稳定，相比之下临近空间的气流更加稳定。设计临近空间无人机面临的第一个难题就是如何在地面产生高度均匀、稳定的气流，这就需要一座大口径、低湍流度的风洞。

风洞是利用相对性原理进行飞行器空气动力试验的专业设备，是人为地在地面设计制造一个空气流动通道，按照一定准则制作缩小的飞行器模型，将其安装在通道中，并控制飞行器的飞行姿态，利用各种测量设备获取飞行器表面的压力分布、流场结构以及升力、阻力等数据。

风洞试验段气流的稳定性、均匀性至关重要，一般用湍流度来表示流动的不均匀性，湍流度的不同可导致试验测量结果相差 1~2 倍，尤其是在低湍流度范围内，低湍流度风洞流场容易受到外界环境的复杂干扰，一声咳嗽、一个纸片都可能改变试验段湍流度，国内外风洞的湍流度一般做到 0.05% 已算不易。此外，风洞试验段口径越大，在整个通道截面内实现气流的整体均匀稳定就越困难，目前国内外低湍流度风洞的口径一般相对较小。

课题组通过多层阻尼网结构优化设计，突破了整个风洞的复杂三维曲面高精密加工以及高精度风速－风扇控制技术，最终使得风洞试验段最低湍流度达到 0.01%，并且大大提高了试验段口径。

为了能够更加准确地预测飞行器在各种飞行环境下的受力情况，课题组通过大量的理论计算和试验改进，创新设计了一系列变湍流度栅格，利用这些栅格对气流湍流度进行控制，实现了 0.013%~0.616% 的湍流度变化。

云龙相得起，风电一时来

宇宙中 99% 的物质都是等离子体，比如太阳、星星、雷电。那么人类是如何制造等离子体的？一种方式是加热，利用热能将分子、原子中的电子剥离出来，从而形成等离子体，比如核聚变；另一种方式是空气高压放电，利用电场加速空气中的自由电子，高速电子像子弹一样将分子、原子中的电子撞击出来，新的电子再加速、再撞击，形成链式反应，最终产生等离子体，比如家里常用的荧光灯、火花塞，甚至插拔电插头时产生的火花都是等离子体。

等离子体流动控制技术通常利用表面介质阻挡放电方式产生等离子体，主要包含等离子体激励器和电源两部分。其中，激励电源是为等离子体激励器提供电能的供电装置，决定了等离子体的密度、能量水平。要做到气体放电，需要对电极施加高电压以形成放电。课题组开发的先进流动控制平台共研制了三类高水平激励电源，用于产生不同的等离子体。

首先是一台高频高压交流电源。其最大特点是输出频率范围非常大，达到 1~50 千赫兹，涵盖了低、中、高三个频段，且在该频率范围内连续可调。普通交流电源多工作于某一特定频段，当需要工作在不同频段时，需要对电源结构进行改装实现频段切换，好比普通的手动挡汽车，而课题组研制的交流电源则是无级变速的自动挡，调节更平稳、更便捷。

其次，目前等离子体激励电源更多采用的是脉冲电源，课题组专门研制了两台

怀柔小学生参观见学

脉冲电源作为特殊激励源，一台为微秒脉冲电源，其脉冲宽度为微秒级；另一台为纳秒脉冲电源，即脉冲宽度为纳秒级。与交流电源连续输出能量不同，脉冲电源先把能量积攒一段时间，再在短时间内快速释放，相当于商场中的直梯，客人一拨一拨上下，优势是速度快，缺点是需要等待；而交流源则相当于自动扶梯，可以连续不断地输送客人，优势是随到随走，缺点是速度慢。

继往开来，服务首都

课题组将低湍流度风洞与等离子体激励系统进行综合集成，并排除等离子体放电造成的电磁干扰问题，构建了先进流动控制实验平台，获得了多项知识产权成果和专有技术，为航天科技集团中国航天空气动力技术研究院临近空间无人机气动研究做出了重大贡献，在中国空气动力研究与发展中心的机翼／旋翼主动流动控制技术、北京航空航天大学先进流控制技术、航天工程大学临近空间飞行器技术研究中得到了成功应用。

平台建成后的 6 年内，已为北京市中小学等单位提供科普教育过万人次，该实验平台位于筹建中的怀柔科学城，竭诚欢迎首都各界来此免费开展科学研究。

获奖情况	先进流动控制实验平台研制与应用	三等奖

2018年

北京市科学技术奖获奖项目

FLASH INNOVATION
创新在闪光 2018年

节能环保

有载调容变压器安全节能
助力国家大气污染治理

盛万兴 王金丽 方恒福 杨红磊
中国电力科学研究院有限公司

配电变压器作为电力进入千家万户的最后环节，作用尤为重要；在"节能降耗"的今天，发展节能环保、智能化的配电变压器意义重大。

马路边、田头间，大家如果注意一下，便能看到一个四四方方的身影——配电变压器，它是电网从发电厂经输电线路、变电站及配电线路，最后把电能送到千家万户的最后环节，也是最为关键的设备。

目前，全国约有 1 000 多万台配电变压器，年电能损耗约 1 500 亿千瓦时，相当于三峡电站全年发电量的 1.5 倍，直接经济损失 850 亿元。同时，每年夏、冬季等用电负荷高峰时期，配电变压器因不堪重负，发生烧毁达数万台。研究和推广配电变压器安全经济运行技术，保障配电变压器安全经济运行意义重大。

用电负荷"峰谷差大"让配电变压器为难

配电网用电负荷具有"峰谷差大、平均负载率低、周期性变化显著"的典型特征，在这种情况下，若配电变压器额定容量小，那么在用电负荷高峰时段，配电变压器极易处于重过载状态，超过一定时间后容易造成烧损事故发生，运行安全风险高。因此，配电变压器选择一般按估算的用户最大负荷，并考虑用户用电增长来配置容量；但是在大量的用电低谷时段配电变压器像"大马拉小车"一样处于负荷较轻甚至没有负荷的运行状态，而配电变压器自身损耗的电能就像一匹大马的饭量一样居高不下，浪费大量电能。解决传统配电变压器功能与负荷特性不匹配导致的负荷高峰安全风险高、负荷低谷空载损耗高的难题成为电力生产、科研工作者的艰巨任务。

针对这一难题，电力生产、科研工作者朝两个方向努力：一是通过制作工艺和铁心材质的改善来提升配电变压器的节能水平，经过近200年的技术发展，相关技术已进入发展"瓶颈"期，节能水平难以再大幅提升，世界范围内的配电变压器用材料能耗水平的降低研究进展放缓；二是创新配电变压器运行模式，依靠"母子变"配置方式降低空载损耗，但"母子变"方式投资成倍增加，需停电操作、程序烦琐、调节不及时，变压器烧损事故频发，严重影响供电可靠性和供电质量。

世界首创新型配电变压器技术

面对困境，以中国电力科学研究院有限公司为首，北京博瑞莱科技集团有限公司、山东电工电气集团有限公司、北京南瑞电研华源电力科技有限公司等为核心成员的联合攻关团队，从2006年开始，十年磨一剑，在有载调容变压器的科技攻关路上勇往直前，完成了历史性的突破，关键技术及其系列产品实现了中国原创、世界首创。

大胆创新实现历史性突破。联合攻关团队通过对用户用电情况进行大量的负荷数据分析研究，发现了配电网用电负荷具有"峰谷差大、平均负载率低、周期性变化显著"的典型特征。针对上述情况，突破性地提出了有载调容暂态过程实现方法和多功能有载调容变压器结构、功能设计方法，奠定有载调容理论基础，使负荷大小与变压器额定容量大小自适应匹配，即高峰负荷时段可运行在大容量方式，低谷负荷时段则让变压器运行在小容量方式，同时使变压器空载损耗也减小到大容量的1/3左右，解决了传统配电变压器功能与负荷特性不匹配导致的负荷高峰安全风险高、负荷低谷空载损耗高的难题。

有载调容开关历史性跨越：无载调容型变压器存在与"母子变"一样的"停电操作程序烦琐、调节不及时故障频发"等缺陷，怎么实现从无载调容到有载调容的跨越成为联合团队的科技攻关目标，其核心是有载调容开关。对于有载调容开关，存在一些困难：一是带载调容难以避免开关切换瞬间弧光的产生，长期在变压器内产生弧光将导致变压器油产生碳化杂质，变压器安全性逐步降低；带载调容时变压器高压侧恢复电压高、低压侧切换电流大引起的电弧重燃问题突出，开关可靠灭弧面临难题。二是调容切换过程应对负荷影响小，故有载调容暂态过程持续时间应尽量短，对开关动作速度要求高。三是变压器空间范围有限，调容调压功能共融，开关触头多、电气连接复杂，需解决调容调压开关一体化、小型化优化设计难题。针对上述情况，团队提出了盘式触头及真空灭弧组合式永磁切换机构的有载调容调压一体化开关设计方法，实现了带载条件下调容暂态过程的平滑切换与可靠灭弧，解决了开关带载调容灭弧困难、调容调压功能共融困难和动作速度慢等突出问题。

另外，为尽量降低调容过程中对供电质量的影响，切换过程要非常迅速，目前切换过程一般在 20 毫秒左右，比眨眼还要快 10 倍。在这么高的速度下还要保证开关能够有足够长的动作寿命能满足变压器长达 40 年的运行要求。即使调容过程快到 20 毫秒，研究团队仍然进一步研究了在这 20 毫秒切换过程中的电压、电流等各种参数的暂态变化，通过增加过渡电阻等技术措施保证供电完全连续并将暂态变化控制在较小的范围内。在众多复杂的设计要求下，还要尽量压缩成本，最终成果的经济性是研究能不能得到推广应用的重要指标。一项项难点，联合攻关团队逐一攻克，在 2012 年完成了新型有载调容变压器产品系列化，并在浙江宁波郑州成功投运。

加装智能大脑实现历史性超越：有载调容变压器不仅要进行调容，还集成具有调压、无功补偿、三相不平衡调节等功能，为了使各项控制能根据负荷变化协调完成，研究团队给有载调容变压器安装了智能大脑——智能配变终端，它可以实现自适应负荷跟踪控制，对配电变压器低压侧和各用户的电压、电流、有功和无功等电量进行实时监测，同时应用存储的相关历史数据和天气、温度等负荷数据，根据智能算法对配电台区的负荷模型进行自适应在线估计和超短期自适应预测，实现自适应负荷综合决策，实现自适应有载调容、有载调压、分相无功补偿和低压负荷在线自动换相等功能，解决了配电台区自适应负荷、多功能协调控制的难题，综合提升了配电台区智能化水平，使我国配电台区技术和管理水平实现了历史性超越。

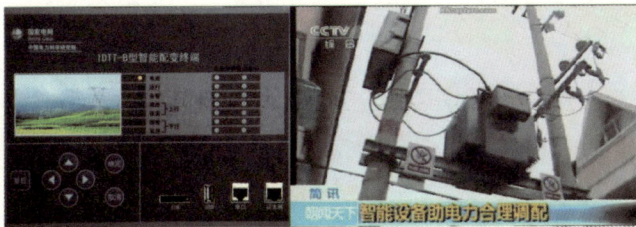

有载调容变压器智能大脑——智能配变终端

团队在浙江宁波鄞州应用现场
向国网公司介绍项目成果

131

保卫蓝天大显身手

北方地区雾霾肆虐，严重影响了人们的身体健康。根据环境部门数据显示，燃煤是造成雾霾的主要因素之一。为此，国家大力推进大气污染防治行动计划，实施清洁取暖，"煤改电"是清洁取暖的重要手段。"煤改电"取暖负荷天然具有"峰谷差大、平均负载率低、周期性变化显著"特征，有载调容变压器完全满足"煤改电"负荷需求，有效解决了传统配电变压器功能与"煤改电"负荷特性不匹配引发的配变重过载烧损风险高、轻空载电能损耗高的突出问题。

目前，有载调容变压器已广泛应用于全国配电网建设改造及"煤改电"工程中，成为"煤改电"工程的标配。以首都北京为例，截至2017年，7 045台有载调容变压器应用在"煤改电"工程中，服务了80万户居民温暖过冬，减少散煤449.4万吨。

首都的成功经验已推广至河北、山东、山西等省市，预计至2021年，北方地区"煤改电"用户可达1 900余万户，有载调容变压器系列产品将为"打赢蓝天保卫战"做出更大贡献。

获奖情况　　10千伏有载调容变压器关键技术研究及推广应用　　　　一等奖

幕后英雄——大型低温制冷系统

伍继浩 边星 吕翠 潘薇
中国科学院理化技术研究所

低温制冷技术应用广泛，关系到科研、生产和生活的各个方面，大至火箭升空，小至薯片储存，是科技进步背后名副其实的"幕后英雄"。

你所知道的最低温度有多低？北京的冬天最低温度约零下10摄氏度，冰箱冷冻室约零下20摄氏度，南极极限低温约零下90摄氏度，但这些都还难入低温制冷技术的法眼。本文所讨论的低温制冷技术制冷温度一般在零下253~271摄氏度，系统所消耗的功率更是抵得上数万台家用冰箱。那么，如此低的温度和如此大的功率到底有何用途呢？想必这是许多读者的第一个问题，让我们通过几个例子来了解一下。

低温制冷技术用在哪里？

长征火箭承载着中华民族几千年的飞天梦想，带着神舟飞船、天宫号空间实验室、嫦娥号月球探测器等一次次腾空而起，高性能运载火箭离不开低温高能燃料——液氢。液氢能量高、比冲大，可以使火箭在重量更轻、发动机更少的条件下实现更大的运载力，具有更高的经济性、可靠性。液氢温度约为零

全国产化250瓦4.5开低温制冷机研制成功

2014年4月22日 理化所20开低温氦制冷机在航天领域成功获得应用

TIPS

低温制冷技术

迄今为止，低温制冷技术直接或间接产生了超过 15 项诺贝尔奖，涵盖凝聚态物理、理论物理、量子物理等众多学科。

2017 年 1 月 10 日，中国 – 韩国大型低温制冷系统应用合作协议签约仪式在理化所举行

下 253 摄氏度，这么低的温度只能通过低温制冷技术达到。现代化的高性能火箭离不开大型低温制冷设备的支撑，大功率与低温度缺一不可。

运载火箭似乎与日常生活还有一定距离，但薯片你一定不会陌生。为保持薯片和其他膨化食品干脆的特性，并防止在运输和储存中被压碎而变成一包粉末，需要在包装袋中充入一定压力的干燥氮气，起到防潮、防腐、防氧化和抗压等作用。氮气是在零下 196 摄氏度的低温条件下分离出来的，看来，连吃零食也离不开低温制冷技术。

低温技术关系到科研、生产和生活的各个方面，是科学发展和生活方式改变背后名副其实的"幕后英雄"。

低温制冷技术与诺贝尔奖

迄今为止，低温制冷技术直接或间接产生了超过 15 项诺贝尔奖，涵盖凝聚态物理、理论物理、量子物理等众多学科。2013 年，发现标准粒子模型中最后一个粒子——希格斯子的科学家们获得了当年的诺贝尔物理学奖，而这块诺贝尔奖章里，必然有低温制冷技术的一半。希格斯子早就被理论所预言，但其行踪隐秘，难以琢磨，因而被称为"上帝粒子"，数十年来科学家们一直致力于通过各种方法寻找希格斯子，却一直没有成功。然而突破就在低温技术进步的那一刻产生了，

欧洲核子中心的大型强子对撞机将系统温度从零下268摄氏度降低到零下270.5摄氏度，仅两度的温度降低使系统的能量提高了140倍，最终成功发现了希格斯子，解开了人类对微观世界认识上的一大谜团，并因此获得了2013年的诺贝尔物理学奖。

不为人知的战略资源

有一种资源，不是石油，不是黄金，看不见，摸不着，却越来越稀少，这就是被称为低温制冷系统血液的氦气，是不可替代的低温制冷剂，是非常重要的战略资源。然而，全球大部分氦气产自美国，对我国的供应量却被严格限制。

按照已经探明的储量，即便氦气消耗量每年增长8%，我国的氦气资源仍然能够满足未来90年的需求。但是，我国氦气资源丰度低，分布不集中，开采难度大，因此更先进的氦气开采技术是合理利用我国氦气资源的重要途径。如果采用氦液化分离技术，仅鄂尔多斯一地的天然气田中含有的氦气就可解决我国年氦气需求量的20%，对缓解目前的"气荒"，提高我国在国际氦气贸易中的议价权和国家战略安全都有很大帮助。这也需要制冷温度达到零下269摄氏度的大型低温制冷设备。

最冷的战场

低温制冷技术，特别是温度低于零下250摄氏度的低温制冷技术被各国视为重要战略技术，是世界大国激烈竞争的核心技术领域。然而，在不久的以前，我国的大型低温制冷技术和设备还完全依赖进口，受到发达国家的严密封锁和禁运。鉴于此，国家财政部和中国科学院决定在2010年启动"大型低温制冷设备研制"专项。计划首先研制出制冷温度零下253摄氏度的大型低温制冷系统，满足大型高性能运载火箭对液氢燃料的迫切需求，同时在高能物理、先进材料、生命科学、太空探索、环境、能源、国防和战略资源等更广阔的领域内发挥作用，将大型低温制冷系统全温区化、系列化、产品化，彻底解决我国在大型低温制冷领域长期落后、受制于人的问题。

经过3年多的奋战，中国科学院理化技术研究所的科研人员们先后突破了高绝热效率高速氦透平膨胀机技术、低漏率低温换热器技术、亿分之一级油滴过滤技术、长寿命气动低温调节阀技术，以及集成调控技术等大型低温制冷系统关键技术，研制出在零下253摄氏度制冷功率达到2千瓦的大型低温制冷设备，并使复杂庞大的

2017年9月16日理化所廊坊园区组织召开了250瓦4.5开低温制冷机技术测试会

低温制冷系统实现如同电脑开机一样简单的一键启动和全自动无人值守运行，整体达到国际先进水平。

随着低温制冷技术的发展，我国在核废料处理、热核聚变、战略氦资源、聚能武器、导电磁炮、强流重离子加速装置、散裂中子源等能源、环境、国防和基础科研领域做出了重要规划，对零下269度及以下温区的大型低温制冷系统提出了更高、更迫切的需求。中国科学院理化技术研究所自2015年12月开始研制制冷温度更低的低温制冷系统，成功研制出国内首台制冷温度零下269摄氏度、额定功率250瓦的大型低温制冷机，实现了全部国产化，达到国际先进水平。

大型低温制冷系统的成功研制，不仅满足了国内需求，还打破了低温制冷技术和设备的国际垄断，使我国进入大型低温制冷技术和设备供应的大国俱乐部。2017年11月，由中国科学院理化技术研究所自主研制的大型低温制冷机成功出口韩国，应用于韩国国家核聚变研究所大科学装置中性束注入器的升级改造，成为世界前沿科学研究的重要推动力量。

我国低温制冷技术日趋成熟，开始走出实验室，进入企业开花结果，创造社会和经济效益。北京中科富海低温科技有限公司的成立是中国科学院理化技术研究所大型低温制冷技术成果转化的重要举措，将为真正打破国际垄断、全面参与国际竞争打下基础。

获奖情况

大型氦低温制冷关键技术与系统应用	二等奖

化煤为油：
高效催化剂大显神通

杨勇 王洪 李永旺 中科合成油技术有限公司
温晓东 相宏伟 中国科学院山西煤炭化学研究所

化煤为油中，催化剂起着"定油神针"的作用，中科合成油技术有限公司的科研团队发明的高活性与高油收率催化剂，解决了我国煤制油工业发展中的难题。

我国煤炭资源富集，和直接燃烧相比，如果将煤炭转化成油，不仅会减少对环境的污染，还会拓宽油品供给渠道。煤如何变成油呢？煤制油的间接液化技术是先把煤气化为一氧化碳与氢气混合的合成气，然后合成气在催化剂作用下转化为液体燃料，"卡脖子"的核心技术是催化剂。若能自主掌握高效的合成油催化剂技术，就能实现煤制油技术的工业化，把煤大规模地转化为油品。

煤与油之矛与盾，煤制油是化解矛盾的现实途径

我国是世界上最大的能源消费国家，也是一个富煤缺油的国家，石油可以加工成柴油、汽油、煤油等发动机燃料，是工业发展和交通运输必不可少的能源物资。近百年来，在我国现代化建设的发展中，石油短缺一直

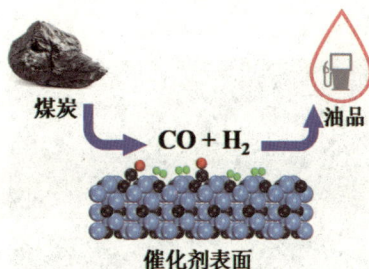

煤制油的间接液化技术路线

煤炭 → CO + H₂ → 油品

催化剂表面

TIPS

石油被称为"工业的血液"，是工业发展和交通运输必不可少的能源物资，但我国是一个富煤缺油的国家。2017 年我国石油消费量达到 5.9 亿吨，其中进口量高达 3.96 亿吨，对外依存度为 67.4%。

全球单套最大规模的年产 400 万吨煤制油厂

是困扰和遏制我国发展的重大问题。2017 年我国石油消费量达到 5.9 亿吨，其中进口量高达 3.96 亿吨，对外依存度为 67.4%，也就是说，有将近三分之二的石油依赖于进口。

我国拥有丰富的煤炭资源，还可开采使用 100 年左右，煤炭是最重要的基础能源，预测在今后的几十年内，煤炭在能源消费中仍会占据主导地位。如果能把一部分生产的煤炭转化为柴油、汽油等液体燃料，弥补一部分石油进口的缺口，具备一定的替代石油能力，那么就可缓解石油供应紧张的局面，在国际石油供给出现危机时我国就可从容应对，化解我国在可持续发展道路上可能出现的能源困局。发展煤制油工业是现实选择，也是必然选择，一旦外部出现油品供应问题，就可起到"缓冲器"和"镇国重器"的作用。

煤制油，创新的合成工艺关键还是看催化剂

煤炭间接液化是煤制油的主要技术路线，它是先把煤进行气化转化为一氧化碳和氢气的混合气，即合成气，然后合成气在催化剂作用下反应生成碳氢化合物的混合物，碳氢化合物就是烃，这样就可加工成液态的油了。一氧化碳和氢气反应合成烃是煤制油的关键步骤，该反应也被称为费托合成反应。目前国际上掌握费托合成工业技术的仅有南非沙索尔公司和荷兰壳牌公司，用于煤制油的仅有南非一家。我国要引进国外煤制油技术，

代价大，且受制于人。

在煤制油过程中，合成气进入费托合成反应器中，在合适的反应温度和压力下，以催化剂为媒介，进行费托合成反应，生产出从含一个碳到将近100个碳的宽范围的烃类混合物的粗产品，依烃的碳链长度的不同，包含了气态烃、轻质液态烃油、重质液态烃油、固体蜡等。然后粗产品进入加工系统，气态烃可分离生产出液化石油气（LPG）。轻质液态烃油可加工成汽油和石脑油，重质液态烃油和固体蜡可加工成柴油，也可加工成高级蜡。若有一种性能优良的、制造成本较低的催化剂，既能高活性地转化合成气，又能高选择性地生产油品，同时结合一种先进的合成工艺，就能使整个煤制油过程实现油品生产和能量利用效率的最大化，降低合成油的成本，实现煤制油技术的大规模商业应用。

中科合成油技术有限公司的科研团队在国际上首创了高温浆态床费托合成新工艺，这种工艺不同于国外工艺技术，费托合成反应器采用的是浆态床反应器，并使催化剂从传统的200~250摄氏度低温区提高到260~290摄氏度高温区来进行合成反应。这一合成工艺的好处是：可以使反应热转化为易于利用的高品位的高压水蒸气，使得整个煤制油系统的能量利用效率提高5~8个百分点。要实现这一工艺设想，必须研制适用于高温区合成的高效催化剂。

催化剂是"定油神针"，产油高效又清洁

科研团队经过十多年的技术攻关，发明了一种新型的高温浆态床合成的铁催化剂，这种催化剂反应活性很高，每吨催化剂产油能力可达到1 000吨以上，是传统低温浆态床合成催化剂的3倍以上，产物烃中甲烷的选择性可控制在3%以下，而有用的碳链在3个碳以上的烃的选择性可达到96%以上，这样成品油的收率就会显著提高。高效催化剂与先进的合成工艺的完美结合，使得整个煤制油过程能量利用效率提高到了40%~45%。新型催化剂为微米级的球状颗粒(30~150微米)，在浆态床反应器中具有非常高的抗磨损性能，可经受物料的长时间冲击和反应，并且合成出的蜡与催化剂能很好地得到分离。

新型合成油催化剂已在1.2万吨/年催化剂厂实现了规模化工业生产。经过精细的选材配料、准确的制备控制、杂质的精滤与套洗、精细的结构控制与造粒成型

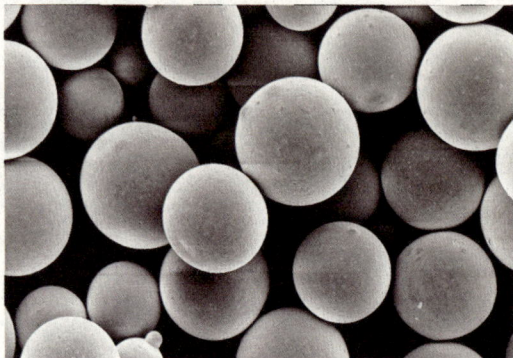

微米级球状煤制油工业催化剂

工艺，辅之环保的排放技术，形成了先进的连续化催化剂生产的绿色工艺。催化剂生产成本大幅度降低，吨催化剂生产耗水低于5吨。在每吨成品油中，催化剂所占成本降低至国际同类催化剂的1/5，大幅度提高了煤制油过程的技术经济性。

采用发明的合成油催化剂生产的粗油品，经过油品加工后，生产的柴油十六烷值达到70以上，并且不含硫和氮等杂质，芳香烃含量低于0.5%，油品质量达到国VI和欧V以上标准，是一种优质的液体燃料，在重型运输车辆上使用能够明显地降低造成雾霾的成分，对大都市区域消除雾霾能起到重要作用。

用于百万吨级煤制油厂，催化剂大显神通

2016年12月21日，装载着科研团队发明的合成油催化剂，全球单套最大规模的神华宁煤400万吨/年煤制油工厂建成投产，催化剂显示出优异的反应活性、油品选择性和运行稳定性，生产出了高品质的柴油、石脑油、高等级蜡等产品。同年12月28日举行了首批合成油装车发运仪式，中央电视台向全世界发布了中国大规模煤制油成功的新闻，引起全球关注和轰动。

400万吨/年煤制油工厂的投产成功开创了我国煤制油工业的历史，标志着我国已经完全自主掌握了煤制油工业技术。今天，煤基合成油已经进入了加油站，高速公路上许多大型运输车辆已经使用上了合成柴油产品。科研团队正在加快合成油催化剂二期扩产工程的建设，以使我国合成油催化剂生产能力达到2万吨/年以上，确保2 000万吨以上煤制油产业的需求，为我国煤制油工业的建设和发展发挥"保驾护航"和"定油神针"的核心作用。

获奖情况

高温浆态床煤间接液化催化剂开发及工业应用	二等奖

封存 4 亿年的气体宝藏
如何实现"密室逃脱"？

卞晓冰 蒋廷学 王海涛 苏瑗 李双明 中国石油化工股份有限公司石油工程技术研究院

李加玉 中石化重庆涪陵页岩气勘探开发有限公司

与北美相比，我国南方海相页岩气层埋藏更深、层位更老，地表也更复杂，开发技术属于世界级难题。如何从这套比恐龙时代还要早 2 亿年的古老地层中成功开采出页岩气，益发显得迫在眉睫。

"曾经沧海难为水"，将这句古诗用来形容大陆地质构造活动再合适不过。曾经的沧海桑田，在动辄百万年的时间计量标尺下，见证了史前物种的繁荣兴衰，尘埃落定于历史长河之中。各种被埋覆在地下的生物，经过时间的演变和有机质的分解，逐渐形成了各种类型的石油和天然气资源。大家还记得美国动画《冰河世纪》吧，一颗坠落的松果造成冰河时代天崩地裂，开启了地球大陆漂移的新时代；同样的，一场能源革命的风暴近几年从发源地美国迅速席卷全球。对中国而言，位于西南部的四川盆地，率先拉开了一场轰轰烈烈的页岩气革命序幕。

什么是页岩气?

顾名思义，页岩外观看起来就像叠加起来的厚厚的书页，是一种具有页状或薄片状

页岩气开采示意图
图片：来源于网络

141

层理的岩石。页岩气是一种清洁、高效的能源资源和化工原料，成分以甲烷为主，主要用于居民燃气、城市供热、发电、汽车燃料和化工生产等，用途广泛。

美国进行页岩气开采大约有 80 多年的历史，形成了系列配套工程工艺技术。按照美国能源信息署（EIA）的数据，美国的页岩气井产量，从 2007 年的 702 亿立方米增长到了 2016 年的 5 855 亿立方米，已占据美国天然气总产量的 50.81%。美国凭借页岩气大规模商业开发这"第三次能源革命"，第一次成功实现了能源输出。

中国页岩气技术可采资源量为 36 万亿立方米，是常规天然气的 1.6 倍，位居世界之首，具有极大的开发潜力。早在 2011 年，国务院就批准页岩气为新的独立矿种，为我国第 172 种矿产，并于 2012 年 11 月发布了支持页岩气开发利用的补贴政策。

与北美相比，我国南方海相页岩气层埋藏更深、层位更老、地表更复杂，开发技术属于世界级难题。那么，如何从这套比恐龙时代还要早 2 亿年的古老地层中成功开采出页岩气，益发显得迫在眉睫。

山重水复疑无路 柳暗花明又一村

从宏观上看，重庆涪陵页岩气田累计探明储量 6 008 亿立方米，是全球除北美之外最大的页岩气田。从微观上看，埋深达两三千米的页岩气藏相当于一个黑暗的密室，有很多死胡同且通道狭窄，对于直径小于 1 纳米的甲烷分子来说，最窄的通道也仅允许 10 个以内的气体分子通过，极易造成拥堵，封锁其中的气体很难找到出

重庆涪陵页岩气田累计探明储量 6 008 亿立方米

路。面对着"山重水复"，怎样实现"柳暗花明"呢？最直接的途径就是创造出人造"高速通道"，形成错综有序的交通路线图版：既包括高速主路辅路，也有人行道及羊肠小路，以保证气体分子从涓涓细流汇聚成工业气流，成功从密室逃脱，点亮千家万户。这种创造"高速通道"的过程，在石油专业术语中叫作"水力压裂"技术，即通过井筒向气藏中注入液体，当压力达到一定程度时会引起页岩的破裂和裂缝的扩展，如同《冰河世纪》里的松果砸进冰层，瞬间在冰面形成蛛网般的裂纹；同时，在裂缝里注入砂子（支撑剂），在压裂施工结束后防止裂缝闭合，以此形成长期稳定的高速通道。

涪陵页岩气田位于武陵山脉，植被物种丰富；毗邻长江、乌江两条重要地表水系；地下多溶洞和暗河，水环境和生态环境敏感。如何安全、优质、环保地实现大型"水力压裂"改造，是页岩气田开发的重中之重。

技术破冰 百亿方产能建设突破

面对中美贸易争端的困境，研发自主技术势在必行。中国石化立足自主创新，于2012—2014年年底，研究形成了第Ⅰ代"滑溜水＋胶液"混合压裂技术。但随着涪陵页岩气勘探开发进程的加深，一期外围及二期江东、平桥、白涛、白马等区块，大部分埋深超过3 500米，部分埋深达4 500米。构造

TIPS

重庆涪陵页岩气田

重庆涪陵页岩气田累计探明储量6 008亿立方米，是全球除北美之外最大的页岩气田。

2018

上地层形变较强、断裂发育且地层倾角大，导致页岩特性更为复杂。平面上埋深、岩矿、层理/天然裂缝、岩石力学及地应力特征发生较大变化。第I代压裂技术已难以适应地层条件变化的需要，出现了压裂施工压力高，砂堵井比例增加，压后产量低且递减快等难题。

因此，立足于页岩储藏地质条件的巨大变化，在低成本前提下，借鉴第I代压裂技术经验，攻关研究了第II代压裂技术，尤其在页岩点识别与定量描述、多簇裂缝均匀延伸机理、"井工厂"参数优化、单井多尺度裂缝优化与控制、低成本压裂配套材料、压裂实时快速评估等方面创新研究与应用，以实现"多尺度"复杂缝网及分级支撑的改造目的，最大化提高裂缝有效改造体积及长效导流能力。

科研团队依据国内外页岩气压裂开发技术现状和油田现场实际需求，通过页岩气第II代压裂配套工艺技术攻关，创造了实现涪陵页岩气田商业开发的"康庄大道"。研究成果在涪陵区块现场大规模应用取得了显著效果，2015年1月1日至2017年12月31日，累计指导压裂设计及施工226口井4 412段，工艺成功率达98%，创造了多项国内压裂施工纪录，其中单井最多压裂段数29段、"井工厂"单平台单日最多压裂8段、"井工厂"单平台最多压裂165段。2015—2017年，气田累计产气量142.08亿立方米，新增产值181.46亿元，新增利润50.39亿元。高效低成本降阻水体系在涪陵页岩气田开展了大规模推广应用，节省成本1.56亿元。

涪陵页岩气田于2017年年底顺利建成100亿立方米年产能，相当于建成一个千万吨级的大油田。对于指导中国其他页岩气区块如威远、丁山、武隆等的勘探开发、降低国内天然气对外依存度、促进页岩气十三五发展规划顺利完成具有重要意义，推广应用前景广阔。

目前重庆涪陵页岩气田每天约2 000万立方米产量，可满足4 000万户家庭1亿多人的用气需求。按年产量70亿立方米计算，与煤炭相比，可减排二氧化碳840万吨、氮氧化物近7万吨，减排二氧化硫21万吨。

获奖情况

复杂页岩地层多尺度高导流缝网压裂技术及工业化应用	三等奖

向深部储层资源进军
深度开发深层碎屑岩油气宝藏

赵旭

中国石油化工股份有限公司石油工程技术研究院

我国新疆、四川等地深部地层中蕴藏着丰富的石油和天然气资源，但如何开启石油、天然气地层之门，挖出油气宝藏，靠的是深层油气开发技术。

深层碎屑岩油气资源，是石油工业未来一阶段新的能源增长点和科技创新前沿，而深层碎屑岩水平井均衡控液提高储层技术则是深层油气开发的关键技术之一。在进军深层油气藏的早期，我国对深层油气提高采收率技术的掌握甚少，深层碎屑岩水平井均衡控液提高采收率技术基本上被西方少数几个大型公司垄断，我国面对深层碎屑岩油气资源只能望油兴叹。

在这样的形势下，我国启动了自主研发计划，奋起直追。然而，作为石油工业技术和装备的集大成者，深层油气开发技术的创新之路注定是崎岖的。

科研人员开展地面实验

145

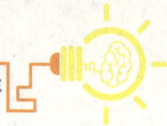

问题频出：难治理的含水上升问题急需"救命稻草"

相关统计数据表明，我国油田储集层中，90% 以上为陆相碎屑岩沉积，目前已开发的油气储层中，约有 80% 为边底水油气藏。随着国内外石油勘探开发的不断深入，深层复杂边底水碎屑岩储层的开发将占有越来越重要的地位。在深层碎屑岩储层水平井的开发中，我国存在很多不完善的地方，突出的一点表现在目前碎屑岩水平井完井工艺较为单一，完井设计中防水、控水功能考虑不全面，难兼容后期作业要求，并且完井相关配套工艺也不完善，严重影响了水平井的开发效果。

与快速发展的钻井工程材料和技术相比，国内外均衡控水提高采收率技术发展相对较慢，控制并治理含水上升效果不理想。面对我国逐年增加的深层高含水水平井的数量，项目研究团队开展自适应调流控水装置研制、水平井自适应调流控水筛管完井、水平井自适应调流控水完井配套工艺、水平井分段变密度射孔优化、深层水平井智能找堵水二次完井、深井砾石充填自调节二次控水完井等稳油控水技术研究，经过 7 年的刻苦攻关和现场应用实践，为深层碎屑岩水平井控水难题找到了"救命稻草"，取得了显著的经济效益。

从调研到提出新理念：找准研究方向

随着我国对能源需求的不断增长及勘探开发的不断深入，对深层边底水油藏的深度开发显得越来越重要，截至 2016 年年底，我国深层边底水油气藏的比例占已开发储层的 60% 以上，如何高效地开发深部边底水油气储层是确保我国国家油气能源安全、促进国民经济效益增长的关键。水平井由于具有较大的泄流面积和较好的增产效果，目前已逐渐成为深层边底水油藏开发的主要井型，但深层边底水油藏由于通常面临边底水体发育、储层非均质性强、井筒条件复杂等难题，水平井生产过程中含水率上升速度快成为影响水平井开发效果的主要问题，严重影响油田的正常生产，制约油田的高效开发。

项目团队依托科研项目，与油田企业相结合，通过自主创新，突破了控水优化、智能调流、二次控水三大关键技术，通过近 7 年的攻关，取得了一系列的技术创新，研发设计了一种具有自调节功能的自适应调流控水装置，形成了自适应调流控水筛管，这种控水筛管和目前国内外的常规调流控水筛管相比，具有控水能力强、有效期长等优点；形成了以自适应调流控水筛管为核心的水平井控水完井技术，建立了一套水平井调流控水筛管动态参数优化设计方法，解决了深层边底水油藏水平井开发过程无水采油期短、含水上升快、累产油量低的难题。

通过创新研发，研究项目形成一整套适用于深层边底水油藏水平井的提高采收率精细调流控水完井技术系列，达到了控制油井含水量的目的，提高油藏的采出程度，为国内深层油气藏的有效开发做出了贡献。

从理论实验研究到油田推广，屡创现场奇迹

目前，采用项目研究成果开发的深层水平井含水率过快的问题已经得到了较好的治理，应用井的低含水采油期明显延长，同时期的采油量增加了2倍以上，深层油气井的采收率得到了明显的提高。

项目应用井新疆A油田THB井是一口深层水平井，水平井所在区块为深层大底水油藏，底水水体大，能量足，经过多年的开发该井同层位邻井的平均含水率均达到了90%以上，该井开发面临着油层薄、底水大、含水上升快、采出率低等问题，控水稳油的开采难度非常大。项目研究团队通过研究新型的自适应调流控水完井技术，建立了新的综合开发方案，极大地延长了该井的低含水采油期，提高了该井的产量，相比邻井，该井延长了低含水采油期400天以上，新增产原

TIPS

4 000 米

深层碎屑岩油藏类型多样化，主要为构造底水油气藏和岩性边水油气藏，通常油藏埋深在4 000米以上。

科研人员组装工具

油3倍以上，创造了同区块底水油藏开发的一个奇迹。此外，新的技术方案所使用的载体工具结构简单、可靠性高，还减少了完井成本。

深层碎屑岩水平井均衡控液提高采收率完井技术的研究与成功应用，进一步提升了国内在深层碎屑岩边、底水油藏领域的开发技术和增产措施技术水平，奠定了国内调流控水完井技术领域的技术地位。十三五期间，国内深层油气田有几千口碎屑岩油藏水平井生产井中，含水大于80%以及因含水量高而关闭的油井已达总数的60%以上，项目研究成果市场前景广阔，推动着我国深层油气资源开发行业的科技进步。

获奖情况　深层水平井均衡控液提高采收率技术研究与应用　　　三等奖

让你家变成"发电站"

陈保卫 常超 徐妍 国电新能源技术研究院有限公司
余康 李志强 王克飞 北京华电天仁电力控制技术有限公司

当风能、太阳能等新能源应用到建筑上时，高能耗建筑摇身变成"发电站"，这是未来新能源应用的重要途径。

在全球的能源消耗中，建筑能耗占到50%，建筑节能已成为全球共识。将风能、太阳能等新能源发电技术应用到建筑节能当中，发展低碳、生态、绿色建筑，将高能耗的建筑变成一座座小型的发电厂，既承担了一定的电力供应，又不占用宝贵的土地资源，成为新能源最具应用前景的发展方向之一。

当风光储遇上微电网时，实现全天候绿色供电

光伏发电技术与建筑物的结合是新能源在建筑应用中较早的表现形式，也是目前应用较多的一种形式。但光伏建筑一体化存在能量密度低、稳定性差、调节能力不足等缺点，同时传统光伏组件转换效率低、温度系数大、对发电效率的影响较大，这都影响了光伏建筑一体化的应用。研究团队成功构建了光伏建筑一体化、风力发电和大规模储能系统联合的风光储微电网系统，实现了全天候不间断稳定供电和在应急情况下的孤岛运行。

未来科学城国电研发楼风光储一体化建筑全景图

TIPS

未来科学城国电研发楼风光储一体化建筑

项目自投运以来，每年可提供约300万千瓦时的绿色电能，相当于年节约标准煤约1 200吨，减排二氧化碳2 991吨。该项目还为供电困难的偏远地区提供清洁能源提供了新思路。

2.58兆瓦屋顶光伏系统

这种风光储微电网系统相当于一种小型的发配电系统，不同于传统的"大电网"，这种"微型"的电网是从发电、输变电，直到终端用户的完整电力系统，既可以自身形成一个功能齐全的局域性能源网络，以不干扰输配电系统的方式"孤网运行"，也可以通过一个公共连接点与市政电网并网连接：当微电网电源功能不足时，可以通过大电网补充缺额；发电量大时，可以将多余电量馈送回大电网。

研究团队在北京市未来科学城建成了世界上最大的风光储微电网一体化建筑——未来科学城国电研发楼风光储一体化建筑。该项目包括2.58兆瓦屋顶光伏系统，1.5兆瓦风力发电机组和500千瓦×2小时电池储能系统。项目投运以来，每年可提供约300万千瓦时的绿色电能，相当于年节约标准煤约1 200吨，减排二氧化碳2 991吨，减排二氧化硫90吨，减排氮氧化物45吨，真正实现了高效清洁发电。

用铜代替银，太阳能电池既便宜又高效

太阳能技术的发展方向是降低每瓦发电成本。发电成本的下降，一方面依赖于太阳能电池转化效率的提升，即开发高效率的电池结构；另一方面依赖于电池和组件制造成本的下降。目前主流的太阳能晶硅电池组件采用银电极技术，其银浆成本占到总成本的

9%~14%。银的储藏量又十分有限，并不能满足光伏产业未来发展的需求。因此，研究团队提出了自主开发银电极替代技术降低电池成本的技术方向。

研究团队在国内首次自主开展了以异质结电池为基础的铜电极技术研发，成功实现了利用铜代替银生产异质结电池，解决了包括光刻、湿法腐蚀和电镀等主要工艺技术难题，突破了该型太阳能电池铜电极关键技术"瓶颈"，并提出了完整的工艺集成方案。与目前传统晶硅电池相比，铜电极异质结电池可大大节约生产成本，并提高光电转化率，尤其可提高单位面积发电量，使太阳能电池变得既便宜又高效。

把好能量流动的"水龙头"

能量转换系统（PCS）是控制储能电池充放电的"水龙头"，是交流直流转换及系统有功无功运行的关键设备。研究团队研制了国内储能领域单机最大容量的能量转换系统，也被称为"变流器"。

系统创新性地采用模块化设计，并采用 Profinet 总线技术。这是一种高效、智能的通信技术，保证了主控制单元与执行器件之间保持高速实时工业以太网通信，这样一来，执行器件就可以及时准确地响应主控制单元的命令；同时，开发了变流器基于电池荷电状态精准均衡控制方法，这种方法有利于保持各电池单元在运行中分配到均等的任务量，即保持电池一致性，从而有效提升电池系统总体寿命。

中央监控系统，风光储系统的"神经网络"

中央监控系统是微网系统的主控单元，是系统的"神经网络"，负责协调系统运行。研发团队引入嵌入式脚本语言技术，可方便进行异构系统的集成。采用高性能、高可靠性、易用可配的通信中间件，构建了风光储微网一体化监控平台，实现了风光储系统的集中监控与协调运行。

中央监控系统负责控制风机、光伏、储能等微电网的各个组成要素协调运行。风机、光伏、储能等的实时运行信息上传至中央监控系统，在人机界面集中展示，并存入历史 / 实时数据库中。同时控制指令也需经由中央监控系统下发至风机、光伏、储能等各个下位控制器。整个风光储微电网系统的设备组态配置也是通过中央监控系统实现的。

风光储微电网中央监控系统

能量管理技术，风光储系统的"大管家"

风光储微电网系统中含有诸多种类的分布式电源、储能设备、电力电子换流设备和各类负荷等，具有分散性强、电源运行和用电需求方式灵活多样、供电与用电互动性强等特点，因此传统电网的能量管理系统便不再适用于这种微网的能量管理。基于此，研究团队开发出了针对微网的能量管理系统。

为了保证风光储微电网系统高效稳定地运行，系统通常由能量管理系统进行智能控制和自动调度决策。微电网的能量管理使系统满足电能平衡、电压稳定，满足用户的电能质量要求，为微电网的并网提供同步服务，满足系统的供电可靠性要求。

让你家变成"发电站"

项目研究成果经推广后，成功应用于青海果洛州、西藏昌都、那曲无电地区，共完成离网型微网电站12座，光伏户用电源系统9 165套，为数千户牧民送去清洁电力。

项目研究成果还应用于大规模风电场，建设了目前国内风电场规模最大、种类最多的化学储能示范项目——国电和风北镇储能型风电场示范项目（风机装机容量96兆瓦，储能容量14兆瓦时），实现了弃风利用、波动平抑、计划曲线跟踪、无功有功支撑等功能。每年为该风场挽回弃风1 600万千瓦时，累计经济收益达2 400万元。

科技改变生活，风光储能建筑一体化将使家庭、办公室建筑等从用电终端变成发电始端，多余的电还可以上电网出售，可为百姓和企业节省大量用电成本，甚至带来额外收益，是未来新能源应用的重要途径。

获奖情况

未来科技城国电研发楼风光储能建筑一体化示范	三等奖

2018年

FLASH INNOVATION

创新在闪光 2018年

医药健康

创新治疗模式　再生牙颌组织

王松灵　范志朋　刘怡　王蒋怡
首都医科大学附属北京口腔医院

缺牙怎么办，安假牙、种植牙？但这都是人工材质、没有活性的假牙，有没有想过，利用异体干细胞，重建和"原装"一样的牙齿？

牙齿虽小，作用确大，它们是口腔的核心器官，发挥着咀嚼、消化、语言、支撑面容等多重作用。然而，据 2018 年公布的第四次全国口腔卫生健康流行病学调查数据显示，65~74 岁老年人中，牙齿缺失发生率很高，平均每人牙齿缺失 6 颗，全口无牙的比例为 4.5%。缺牙怎么治？目前，国内外的办法只有一个，安假牙！就算是现在的

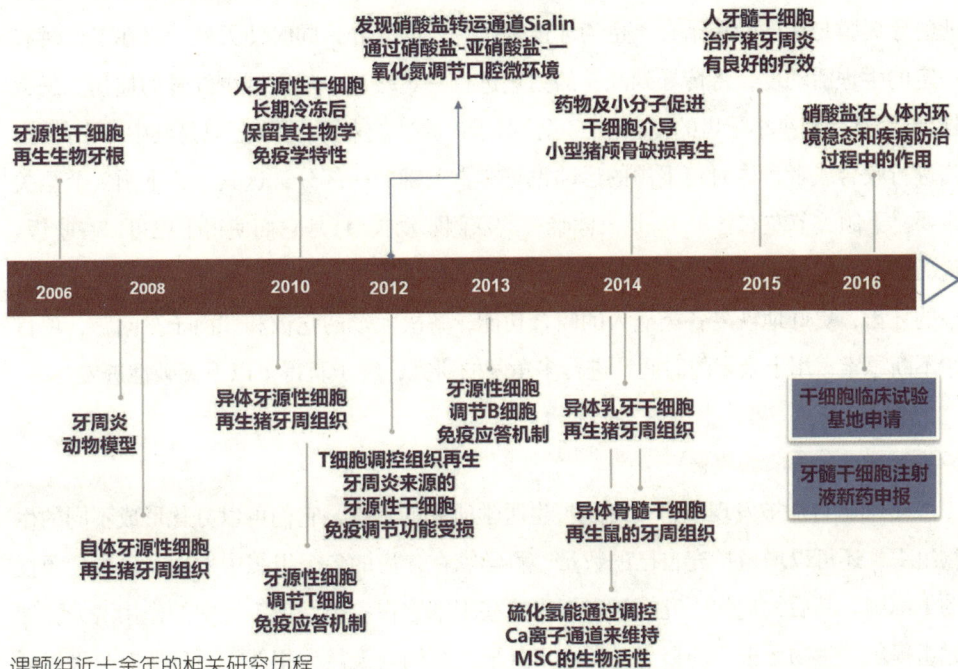

课题组近十余年的相关研究历程

155

种植牙，也是在牙床上打入一颗金属钉子，再镶上一颗人工牙冠，依然是人工材质的、没有活性的假牙。这样的种植牙在使用时对咀嚼力感受差，不能感受凉热，并不能完全恢复患者缺失的天然牙的功能。恢复重建"原装"一般的牙齿，改善患者的牙口并美化"面子"是口腔科医生追求的最高理想。

认识牙齿和口腔功能

让我们先来认识天然牙齿的结构和生理特点。人类的牙齿根据形态不同，由前向后分为切牙、侧切牙、尖牙、前磨牙和磨牙五类。牙齿外部的硬组织是全身最坚固的部分，由表及里又有分层，在牙冠部分为牙釉质、牙本质，牙根部分为牙骨质、牙本质。牙齿内部含有神经、血管和柔软的牙髓组织，通过根尖部细小的根尖孔与颌骨内的神经、血管相连，向大脑提供咬合的感觉，同时给牙齿供应营养。在牙根表面有一层薄薄的牙周膜与牙槽骨相结合，也为牙齿提供一定的营养，同时使天然牙齿在工作时有一定的生理活动度，将传导到颌骨的力量进行一定缓冲，从而减少颌骨的损伤。怎么样，已经感受到小小牙齿的复杂性了吗？对于口腔功能来说，牙齿还只是其中一个部分，当进行咬合或者言语时，下颌的运动也是非常关键的一部分，这其中，下颌关节至关重要。下颌关节左右各一个，是人体唯一的双侧联动关节，是它们使得下巴可以在吃饭、说话的时候能顺利完成各个方向的运动。为了能真正再生出像天然牙一样具有生物活性的牙齿，更好地恢复各类病人的咬合功能，解决大家的吃饭和"面子"问题，项目组不断思索，用十余年的时间，进行多角度的研究，终于获得了以下突破性进展。

牙齿活起来，关节动起来

干细胞自从被发现以来一直是再生医学研究的热点，它们可以分化形成不同的生物组织，还可以增殖扩充自己的数量。科学家在牙齿的各个组织中发现了多种牙源性的干细胞。其后大量的研究探讨发掘出这些干细胞在各类组织工程中的作用潜力。课题组提出"生物牙根"的概念，即不仅外形、结构与天然牙相似，而且拥有与天然牙类似的牙周膜结构，机械性能也与天然牙相近，具有生物活性的再生牙根。但是缺失牙齿的患者多数为老年人，他们自身的干细胞少、活性差，因此自体干细胞再生牙齿存在困难，限制了临床应用。而日常口腔临床工作中，因各种原因拔除的智齿或正畸拔牙中就拥有许多干细胞，如果可以利用异体来源的干细胞再生生物牙根，就可以将这些"无用"的牙变废为宝，从中选择活性好、大数量的"有用"的干细胞。但是，选择什么种类的干细胞，对它们做怎样的处理会更好地提高再生效率，选择什么样的支架材料可以更好地构建牙根形态、提高牙根强度，这些问题都很难简单地抉择。

在研究比较了各类牙源性干细胞之后，课题组发现，牙髓干细胞再生活性好、细胞来源充足，是形成牙硬组织主体较好的一类干细胞，而牙周膜干细胞可以很好地形成牙周组织。于是在体外选取异体来源的干细胞，结合近似天然牙的支架材料建立人工牙根，植入模型动物小型猪的缺牙位点处。6个月后，给再生牙根戴上烤瓷牙冠，让小型猪随意使用6个月。整个过程与平时给病人种牙基本类似。随后的一系列评估结构显示，这一再生牙根具有与天然牙类似的生理特性，在小型猪体内结合良好、稳定，没有器官移植后最担心的免疫排斥问题。这是人类首次在动物模型上，成功利用异体干细胞再生牙根并使其有效发挥了生理功能。研究成果于2013年发表在了国际干细胞领域权

TIPS

牙周炎

牙周炎造成的牙根周围骨组织缺损会造成牙齿的松动，是成人牙齿丧失的首要原因。

项目组于口腔权威杂志发表的封面论文

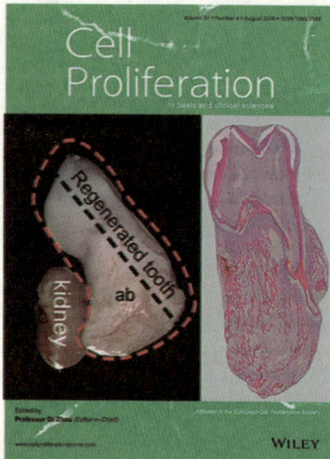

项目组于细胞生物学权威杂志发表
的封面论文

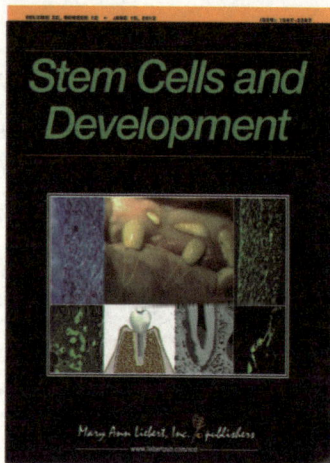

项目组于干细胞权威杂志发表的封
面论文

威期刊 *Stem Cells and Development* 上，并成为
该期杂志的封面论文。

　　基于发育学原理实现再生是最接近自然
规律的、理想的牙再生方式。在 2005 年，课
题组便依据这一理念，率先完成了小鼠的全牙
再生并将成果发表于口腔权威杂志 *J Dent Res*。
小型猪牙齿的大小、形态、发育周期、牙列替
换等生理过程都与人类相似。经过十余年的不
懈努力，课题组开发利用小型猪模型，完成了
小型猪牙发育时相、替换模式以及相关转录组
和蛋白质调控网全景图系列研究，并于近年基
于发育学原理，通过细胞重组又率先实现了小
型猪的全牙再生，研究成果发表在 2018 年的
权威杂志 *Cell Proliferation* 上。真正有活性的牙
再生逐渐出现曙光。

　　牙周炎造成的牙根周围骨组织缺损会造成
牙齿的松动，是成人牙齿丧失的首要原因。课
题组建立了与临床相似的小型猪牙周炎模型，
并且首次利用异体牙源性干细胞成功再生了牙
周炎导致的牙周缺损组织。此外，还在大型动
物模型上成功建立了有活性的牙髓。在下颌关
节方面，课题组率先利用数字化技术，对下颌
关节紊乱疾病和创伤进行研究，为临床上治疗
颞下颌关节紊乱病、关节强直等提供了新的思
路、方法。其中，应用透明质酸口腔注射治疗
颞下颌关节紊乱病的方法，每年治疗患者上千
人次并取得良好效果，而且每年举办多期国家
级继续教育学习班，在全国多个省市口腔专科

医院进行了推广应用。

给异体干细胞颁发人体"绿卡"

如前文所说，使用异体来源的干细胞将大大有利于组织再生和疾病治疗。但是，机体对于外界来源的物质会产生怎样的反应，如何能减少对人体、对干细胞活性不利的反应，对这些问题必须详细了解并解决，才能放心将干细胞技术应用到实际临床中去。异体干细胞再生牙颌面组织时，是否会被人体排斥，是否有办法帮助异体干细胞获得进入人体的"绿卡"？课题组研究发现，异体的牙源性干细胞可以分泌细胞因子调节异体免疫细胞，免于产生免疫排斥，很好地完成了再生组织的作用。研究成果分别于 2010 年、2013 年发表于 *Stem Cells and Development* 杂志上。这些成果引发业内同行的广泛评议，因为这意味着采用同种异体牙源性干细胞移植成为可能，从而解决干细胞来源不足的难题。在此基础上，课题组发现，接受干细胞的受体，专业术语称"宿主"，会启动免疫系统影响干细胞的组织修复能力，通过全身注射免疫细胞或局部应用经典老药阿司匹林，可以抑制免疫系统对干细胞的干扰，并且可以提高干细胞的工作效率。这就是给干细胞一张"绿卡"，让它们能踏踏实实地在需要修复的区域开展工作。这一次干细胞"绿卡"的成功颁发，即使在口腔颌面部以外的其他领域也是开拓性的。以上成果发表后受到广泛关注，被认为"为促进基于干细胞的组织再生的效果提供了新的视野和治疗手段"。

认识口腔微环境

临床条件下口腔微环境和机体状态对牙颌面组织再生和功能重建有着重要的影响，但其关键作用物质、机制和调控方法不清楚。在生物体内，大块头的物质不能直接进入细胞内，而是需要细胞膜上的特定蛋白，像搬运工一样识别客户制定货物，把货物传送进细胞内部。这样的蛋白专业上称为转运通道。课题组首次发现了哺乳动物细胞膜硝酸盐的转运通道 Sialin，经此通道可将血中硝酸盐转运至细胞内，经 Sialin 转运的硝酸盐在细胞内可转化为一氧化氮，发挥维持细胞稳态、增加血流及组织器官功能重建等重要生理功能，从而维持有利于牙颌面组织再生和功能重建的口腔正常微环境。著名生理药理学专家 Lundberg 教授对此在 *PNAS* 上发表专题评述认为："该研究是

项目组成员在实验工作之余讨论研究进展

硝酸盐－亚硝酸盐－一氧化氮通道中核心重要的发现，为研究该通道在人类各组织器官的功能及疾病的防治提供了关键科学依据。"此后，课题组几代成员一直致力于硝酸盐在机体内环境稳态和疾病防治方向的研究，并已经得到了多方突破。

此外，课题组还揭示了口腔微环境中代谢产物气体分子硫化氢在维持间充质干细胞功能方面的重要作用，发现间充质干细胞自身产生气体分子硫化氢通过钙离子通道来调节间充质干细胞的内环境稳态，缺少气体分子硫化氢会引起干细胞功能障碍，并导致骨质疏松。研究揭示硫化氢在维持间充质干细胞功能和骨骼系统正常功能的重要作用，为研究新的气体信号分子对骨质疏松症条件下促进牙颌组织再生和功能重建提供了新的靶点，并为骨质疏松等骨代谢性疾病的防治提供了重要依据。

从动物实验到临床应用

关于上述研究成果，课题组在国际 SCI 期刊上发表论文 128 篇，总影响因子为 419，被 *Cell*、*Nature* 等国际权威 SCI 杂志他引 1 516 次，利用上述部分创新技术诊治颌骨关节病变患者 8 000 多例；已在国内 30 家地市级以上医院广泛推广应用，诊治患者 6 000 多人，均取得良好的效果。通过基础与临床相结合的研究，课题组创新了牙颌面组织再生和功能重建的关键技术并在临床广泛推广应用，推动我国口腔及相关医学学科发展，已经取得良好的社会效益及经济效益。目前，课题组推进建立了我国首个人类牙齿干细胞库，将为牙颌组织再生提供新的种子细胞来源。

获奖情况		
牙颌面功能重建关键技术创新及临床应用		一等奖

中国罕见病患者的精准分子诊断在路上

谢志颖
北京大学第一医院

很多遗传性神经系统罕见病不能被确诊和有效治疗，遗传给下一代，造成了极大的社会负担，如何准确诊断神经系统罕见病，显得迫在眉睫。

北京大学第一医院全国神经肌肉病中心，经过近三十年不懈努力，在病理、免疫和电生理研究的基础上，通过团队近十年的建设，增加了基因研究，加强了资源管理，在全国范围进行了推广应用，为成千上万的中国神经系统罕见病患者提供了精确的分子诊断。

外周组织微创病理技术——总结图

走进神经系统罕见病

罕见病，是指患病率低、罕见的疾病，通常又被称为"孤儿病"，目前全世界存在 5 000~7 000 种罕见病。根据世界卫生组织（WHO）的定义，罕见病为患病率在 0.65‰ ~1‰ 之间的疾病，约占人类疾病的 10%，按此比例，我国各类罕见病患者总数应有千万人之多，

光镜

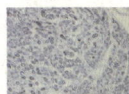
感觉神经

肌肉

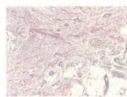
皮肤

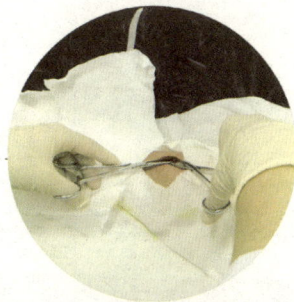

电镜

肌肉

皮肤

感觉神经

161

北京市——"Duchenne 型肌营养不良多学科管理的专家共识"讨论会

TIPS

我国已有超过 1 600 万个的罕见病患者，每年新出生罕见病患者超过 20 万个。大量的中国患者求医过程艰难，平均确诊需要 5 年，平均诊断成本大于 5 万元。

其中涉及神经系统的罕见病约占 60%。

我国绝大多数的神经系统罕见病患者仍未得到确诊以及相应的干预，很多的遗传性神经系统罕见病由于未及时确诊，遗传给下一代，加重了患者家庭经济负担的同时，又影响了我国的人口素质。

罕见病确诊困难，确诊需要复杂的辅助检查，包括病理学检查、免疫学检查以及基因检测等，而这些检查在基层医院乃至地区性的三级甲等医院都难以开展。同时，罕见病患者的临床表现复杂不一，病因复杂多样，国内医生对罕见病的诊治缺乏足够的认识，

常导致临床上难以进行及时和准确的诊断，延误诊断或漏诊。

北京大学第一医院全国神经肌肉病中心，多年来一直专注于应用并发展外周组织微创病理技术协助诊断神经系统罕见病，为神经系统罕见病的精准分子诊断，特别是基因诊断提供具体的方向以及验证基因诊断，以降低神经系统罕见病的诊断难度，在一定程度上缓解了我国神经系统罕见病患者看病难的问题。

精准分子诊断，"识破"神经系统罕见病

20 世纪 60 年代，国外便通过外周组织微创病理技术协助诊断神经系统罕见病，但我国真正开展这些技术始于 20 世纪 90 年代，陈清棠和吴丽娟教授在国内较早开创了神经肌肉病理实验室，利用肌肉和周围神经活检技术诊断神经系统疾病。但当时还存在许多不足与限制，为了改进技术的不足以及优化病理诊断，袁云教授在德国进行了 5 年的学习，回国之后，率先在国内开展了外周皮肤组织病理检查用于脑病的诊断，不断改进与优化了外周组织微创病理技术。该中心的王朝霞教授、张巍教授和吕鹤教授也在日本、荷兰、美国及加拿大进行了神经系统罕见病的学习，目前能够开展的外周组织微创病理技术包括骨骼肌、外周感觉神经以及皮肤活检，对获取的组织进行组织学染色、酶组织化学染色以及各种免疫组织化学染色，对患者进行精准的分子病理诊断。对特殊类型的肌肉病标本、周围神经标本以及皮肤标本进行电镜下的观察，最终为病人提供最为精准的分子病理诊断，对遗传性的神经系统罕见病还可以指导下一步的基因检测。

北京大学第一医院全国神经肌肉病中心开展与建立了神经系统罕见病的免疫学检查实验室、基因检测实验室，不仅为自身免疫性神经系统罕见病的患者提供最为准确的分子免疫学诊断，也为遗传性神经系统罕见病患者的精准分子诊断与遗传咨询提供了强有力的证据支持。

再接再厉，扬帆起航

经过近三十年的不懈努力，北京大学第一医院神经肌肉病中心已经建成了规模化、规范化的神经系统罕见病的病理学及遗传学的诊断研究中心，带动了我国神经系统罕见病的规范化诊断体系发展。至今，北大医院神经内科就诊的神经系统罕见

病患者来自包括港台在内的全国各地以及美国、俄罗斯等国家。已经完成了上万例的外周组织活检，活检量全国第一，每年的活检量在 800 例左右，并且逐年递增，为成千上万的患者提供了精准的分子诊断，减少了患者四处就医的次数，降低了患者的就医成本；同时也为这些患者提供了相应的干预措施，缓解与治愈了大部分的获得性神经系统罕见病患者。

依靠研究中心的外周组织微创病理及遗传学诊断平台，团队成员通过对神经系统罕见病的临床表现、外周组织病理学改变、磁共振影像学改变以及分子诊断包括酶学检测、基因检测等进行大样本的研究，建立了中国神经系统罕见病患者的规范化诊断策略，构建了相应的临床研究队列登记注册系统及生物标本库，发现了中国患者的独特表型、多种新发致病性变异及热点突变谱，深入分析了基因型与表型的相互关系，为这些疾病的精准分子诊断奠定了坚实的基础，同时还进行了相关疾病的发病机制研究，并将成果转化应用于临床。在临床应用上，北京大学第一医院全国神经肌肉病中心在国内率先采用外周皮肤组织活检技术诊断脑病，避免了对患者进行脑活检，减轻了患者因诊断带来的痛苦；诊断了近 100 种神经系统罕见病，其中 28 种为国内首次报道，1 种为亚洲首次报道。

在全国推广应用上，北京大学第一医院全国神经肌肉病中心通过举办神经系统罕见病学习班、联合培养研究生以及国内访问学者等方式进行神经系统罕见病的人才培养，为全国培养输送了大批的罕见病专业人才。在培养人才的同时，研究中心帮助全国 18 家医院建立了外周组织微创病理实验室，把研究中心的研究成果进行二次推广，带动了全国神经系统罕见病诊断体系的规范化发展，具有重要的社会经济效益。

获奖情况

外周组织微创病理在神经系统罕见病诊断中的临床研究及推广应用 二等奖

用一管母亲血液解开胎儿基因密码

陈样宜 刘海量 罗东红

东莞博奥木华基因科技有限公司

染色体异常作为一个出生缺陷预防重要的医学与社会学问题，已经成为我国重要的公共健康卫生问题。

博奥团队立于自身的基因技术优势，从基因层面发现更多导致出生缺陷的"幕后黑手"，致力于建立、发展与推广一项更准确、更快速、更安全的无创产前筛查技术，为健康宝宝的诞生保驾护航。

基因检测，正逐步走进寻常百姓家

近年来，"基因检测"这个词越来越多地出现在公众视野中，这项对公众来说曾经是遥不可及的新兴技术，正在逐步走进寻常百姓家。

我国是出生缺陷高发地区，平均每30秒就会有一名带有出生缺陷的新生儿诞生。近半个世纪以来，随着人类基因密码的不断被破译，配套的基因检测技术得到长足发展，人们从基因层面发现了越来越多造成出生缺陷的"始作俑者"。

染色体病是宝宝健康凶猛的拦路虎

宝宝的生命历程源于精子和卵子结合形成受精卵。历经妈妈十月怀胎，正常受精卵发

TIPS

染色体异常是导致新生儿出生缺陷最多的一类遗传病，占出生儿的0.5%~1%。

加入裂解液　加入磁珠　洗涤液　洗脱液

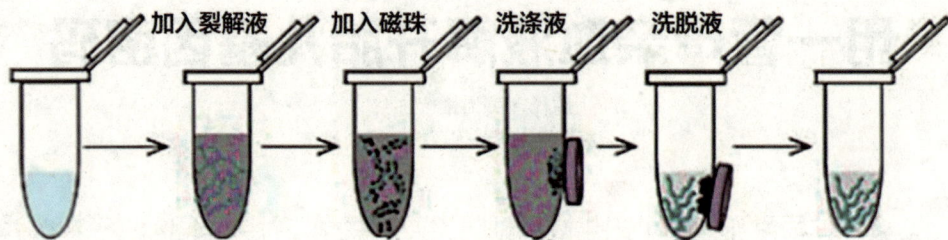

游离 DNA 提取技术

育成胚胎直至胎儿出生。这一路，胎儿需要过关斩将，才可以健康降临人间。其中，染色体病是凶猛的拦路虎之一。据估计，染色体异常是导致新生儿出生缺陷最多的一类遗传病，占出生儿的 0.5%~1%。染色体疾病的发生是随机的，原因复杂。重视产前筛查和诊断，早发现、早干预是避免此类疾病胎儿出生的不二之法。

神奇的一管血：可解读胎儿生命密码

1997 年科学家发现在孕妇的静脉血中含有微量的胎儿游离 DNA（cfDNA），其意思是准妈妈血液中含有少量胎儿的碎片遗传信息物质，一般认为从妊娠第 5 周开始就可以检测出胎儿游离 DNA，它的浓度会随着孕周的增加而增加，但游离 DNA 的片断比较小，而且分娩后短时间内消失。

博奥团队依托自身的基因检测优势，已建立了一套全面基于孕妇外周血游离 DNA 的胎儿染色体异常检测系统。此系统使用新一代高通量测序技术，通过抽取孕妈妈的一管外周血，获取胎儿游离 DNA 的基因密码，判断出胎儿发生染色体异常的风险。研究结果表明，针对胎儿染色体非整倍体异常，此法准确率达到 99.9%。

无创产前基因检测，尽管使用方式简单和便利，但技术人员在方法研发的过程中是非常谨慎的。应用无创产前基因检测技术进行胎儿染色体异常分析时，胎儿游离DNA的比例容易受各种因素影响。分析过程中涉及大量高深、生涩的DNA数据处理和判读，对许多基层的医疗机构是一大考验，这会在一定程度上影响这一项产前筛查技术的推广和普及。

突破技术"瓶颈"，推动技术进步

项目组迎难而上，对无创产前基因检测的关键技术进行了深入研究，研发了一套基于孕妇外周血游离DNA的胎儿染色体异常检测系统，系统包含博奥晶芯BioelectronSeq 4000基因测序仪（简称BES 4000）和晶芯胎儿染色体非整倍体（T21、T18、T13）检测试剂盒（半导体测序法），以及晶芯无创产前数据分析管理软件，是中国首创的半导体测序高通量检测系统。

项目组首先创新实验技术，发明了一种DNA浓缩过滤装置以及利用纳米磁珠技术解决了胎儿游离DNA富集的难题，成功地使孕妈妈血浆中胎儿游离DNA的浓度，从文献报道的平均13%提高到近30%，这可大大地提高检测结果的准确性。

开发具有自主知识产权的创新软件

为了能使以上各项技术在临床实验室更好地落地，项目组研发了一款集数据分析与管理于一体的多功能软件系统，能够实现"三全"，即全自动信息分析、全方位质量控制、全自动结果判断，并可一键式打印报告和进行高通量存储与检索，分析快速，只需短暂培训，操作人员就可以熟悉系统操作，大大支持了该系统在医院本地化使用。

项目组研发的胎儿染色体非整倍体（T21、T18、T13）检测试剂盒（半导体测序法）及配套的BES 4000基因测序仪于2015年2月分别获得了CFDA医疗器械注册证书，至今项目组已取得中国授权发明专利3项和软件著作权3项，相关研究成果发表论文2篇。

染色体微缺失微重复的延展应用

对于染色体发生的微缺失和微重复结构异常，目前在临床上并不像唐氏综合征那

BES 4000 上机测序操作

样拥有比较完善的产前筛查 / 诊断体系。同时，染色体微缺失和微重复的胎儿往往在宫内发育期间基本无明显异常的信号，容易在常规产前诊断和超声检查中出现漏检。

项目组不断拓宽技术应用，此检测系统不仅可以用于检测染色体非整倍体异常，还可以对胎儿 5 兆以上染色体微重复微缺失异常进行检测，涵盖了超过 300 多种已被报道的染色体疾病，并且具有高的灵敏度和特异性，大大延展了临床应用和科学研究的价值。

技术辐射全国，社会经济效益明显

研究成果已经在全国得到了推广应用。目前已有 2 000 多家医疗级机构与博奥合作开展了胎儿染色体非整倍体无创产前筛查，并且基于 BES 4000 新一代高通量基因测序平台和自主研发的数据自动化分析管理系统帮助医疗机构共建联合遗传分子实验室 89 家，推动了我国医疗机构检测相关平台技术水平的长足发展。

研究成果目前已有近百万家庭亲身验证，北京博奥医学检验所至今已累计对 100 余万例孕妇样本进行检测，避免了近 8 000 个家庭的异常患儿的出生，节约了近 36 亿元的医疗成本。在首都地区，在 2015—2017 年博奥完成接近 30 万名孕妇的产前筛查，共检出 2 千多名染色体异常胎儿，节约社会成本达 40 亿元。

博奥研究人员依托这项技术平台，将研究不断拓展到孕妇遗传病基因产前筛查、新生儿遗传病检测、个体化用药检测、肠道微生物检测等多个领域，希望可以对疾病的治疗与预防提供更精准的手段，对健康实行精准监控。

获奖情况

基于孕妇外周血游离 DNA 的胎儿染色体异常检测系统的研发及应用 二等奖

围产期干细胞科技 开启生命宝藏的金钥匙

王伟强 谷俊东 吴丽云 和焕鹏 赵萌 韩之海
北京汉氏联合生物技术股份有限公司

未来我们的身体可以像汽车一样，哪个部件出问题了，就对哪个部件进行替换。这，就是正在发展中的干细胞再生医学。

每个孩子在出生时，都随身携带了一个无比珍贵的宝藏——"脐带和胎盘"，医学上统称其为"围产期组织"，它所含有的宝贝就是"干细胞"。

以韩忠朝院士为首的汉氏联合研发团队创建了世界首个围产期脐带/胎盘间充质干细胞库，制定了脐带/胎盘间充质干细胞分离和培养的标准流程，并进行了大量临床应用研究。

正在发生的医学革命

2005年8月30日，著名喜剧演员傅彪逝世，死于肝癌。他生前曾经历2次肝脏移植，遗憾的是，肝移植后发生了严重的排斥反应，两次移植均失败。

未来，如果一位病人的肝脏发生严重病变，医生可以取一个干细胞，在生物发生器中制作一个全新的肝脏，并移植入患者体内。这个新肝脏功能良好，同时又不会发生排斥反应。不仅仅是肝脏，未来我们的身体甚至可以像汽

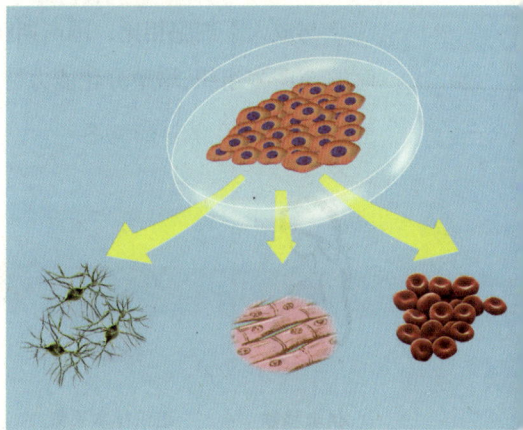

干细胞是一类具有自我复制能力的多潜能细胞，在一定条件下，它可以分化成多种功能细胞（图片来源于网络）

车一样，哪个部件出问题了，就对哪个部件进行替换。这，就是正在发展中的干细胞再生医学。

如何解决干细胞的来源问题？

在欧美，干细胞产品主要是成人骨髓和脂肪中提取的间充质干细胞。然而，成体组织来源的干细胞存在一些显著的局限性。首先，干细胞的活性难以保证。科学研究已经证实，我们体内干细胞的活性会随着我们年龄的增长而逐渐降低。其次，成人干细胞的提取会造成人体伤害。成人组织干细胞的提取方式，通常是抽吸骨髓和脂肪，骨髓穿刺的操作会破坏骨质，抽吸骨髓也可能会对造血功能产生不利影响，大量抽吸脂肪可能会造成脂肪进入血液，这些都是对健康造成巨大危害的风险。再次，在成人组织里提取干细胞的过程中容易发生病毒感染。成人组织常常携带各种病毒，在成人组织干细胞的提取过程中，会导致提取的干细胞病毒感染率较高。另外，成人干细胞采集量有限，难以进行标准化制备。考虑到安全性，从成人体内抽取的组织量不能太多，而且每位成人供者的遗传背景、健康状况都有所差异，导致来自成人的干细胞产品很难进行标准化制备。

是否有更理想的干细胞来源？

有没有更理想的干细胞来源呢？答案是肯定的，这就是围产期组织（脐带／胎盘）中提取的干细胞。

与成人干细胞相比，围产期脐带／胎盘干细胞有着自己的优势：它们是胎儿出生时的"0"岁组织，增殖分化能力特别强；在干细胞移植治疗疫病时，是需要严格配型的，

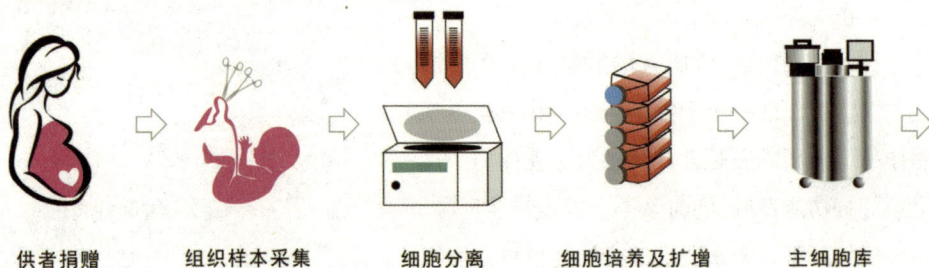

围产期干细胞库工作流程示意图

供者捐赠　　　组织样本采集　　　细胞分离　　　细胞培养及扩增　　　主细胞库

但围产期间充质干细胞具有低免疫原性，异体应用无须配型，这在一定程度上解决了移植不匹配的问题。同时，围产期间充质干细胞长期体外传代培养，没有发生突变，容易进行质量把控和规模化制备，基因稳定性较好。在数量上，围产期脐带／胎盘干细胞数量非常丰富，在治疗部分疾病需要大量干细胞时具备优势。

世界首个脐带／胎盘干细胞库的应用效果如何？

依托国家干细胞工程技术研究中心和细胞产品国家工程中心的技术实力，汉氏联合研发团队在韩忠朝院士的带领下，成功开发了世界首个临床级脐带／胎盘干细胞库，并已取得较好的应用效果。

大家一定知道，白血病根治的有效途径之一是造血干细胞移植。然而，造血干细胞移植有 2 个缺陷：移植前需要严格配型，并且要保证数量充足；移植后会发生严重的排斥反应，移植的成功率只有 50%。胎盘中造血干细胞的数量远比脐带血丰富，胎盘造血干细胞的数量是脐带血的 10~20 倍，足够成人移植使用。韩忠朝院士团队从胎盘中提取的造血干细胞，成功救治了一位患有再生障碍性贫血的 9 岁女孩。

韩忠朝院士团队进一步与陈虎教授团队深入合作，将胎盘间充质干细胞与造血干细胞共移植，使移植成功率从 51% 提升到 89%，极大地促进了该领域的发展，获得了国家科技进步一等奖。

在系统性硬化症、糖尿病血管病变、糖尿病足治疗中，韩忠朝院士团队应用脐带／胎盘干细胞治疗均取得了显著的治疗效果。

围产期干细胞发挥治疗作用的原理

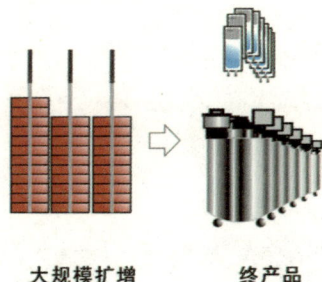

大规模扩增　　终产品

围产期干细胞是人体组织中最年轻的干细胞，活性高，易于大量扩增。不同类型的围产期干细胞的作用机理有所差别，下面以目前应用疾病范围最广的围产期间充质干细胞为例来说明作用机理。

首先是自我复制。在体外理想的培养条件下，围产期间充质干细胞可以进行大量扩增，最终产生出数量巨大、一模一样的干细胞，供人们使用。

171

胎盘采集　　　　　　　干细胞分离　　　　　　　干细胞扩增培养

脐带和胎盘干细胞分离培养流程

其次是定向分化功能。围产期间充质干细胞能够分化为成熟的功能细胞，如肝细胞、心肌细胞、神经细胞、软骨细胞等，从而替换老化或受损的身体细胞，对身体发挥修复作用。这种效应叫定向分化作用。

第三是旁分泌作用。围产期间充质干细胞能够分泌很多营养因子和再生因子，让生病的细胞重新焕发活力，这种效应被称为旁分泌作用。如促血管新生因子，VEGF（血管内皮生长因子）、PDGF-BB（血小板源性生长因子）和b-FGF（碱性成纤维细胞生长因子）；促进肝细胞生长因子HGF（肝细胞生长因子），等等。

第四是归巢功能。进入身体后，围产期间充质干细胞随着身体血液循环巡游全身。当身体某些部位发生问题时，如细胞受损或老化，这些部位会发出信号分子，干细胞会敏感地感知到这些信号，从而在这些需要修复的部位聚集和停留。这种效应叫归巢。

第五是免疫豁免的能力。由于围产期间充质干细胞不表达能引起免疫细胞激活的共刺激分子，进入体内后，机体免疫系统不会对其产生免疫排斥反应，会被身体完全接纳。

干细胞科技将对人类健康产生巨大影响，开发安全、有效的干细胞资源是促进干细胞科技造福人类的关键。围产期胎盘和脐带组织是目前所知最丰富的天然干细胞宝库，围产期干细胞科技正在开启干细胞科技时代的大门。

获奖情况　　围产期间充质干细胞规模化分离制备技术体系的建立及其应用　　　二等奖

咬合病 容易被忽视的健康杀手

谢秋菲 姜婷 曹烨 李健 杨广聚 徐啸翔
北京大学口腔医学院

你的咬合动作是否正常？看似简单的牙齿间咬合，稍有差错，便会使人咬合不适、咬物困难，甚至整个口颌面部都疼痛不适。

咬合，就是上下牙齿发生接触，看似简单，但在背后有很多看不到的"暗箱操作"。咬合由中枢神经系统发出运动指令，经过各级相关神经核团的一系列编码，最后到达相应的肌肉，使有的肌肉收缩、有的肌肉舒张，这才产生了咬合。在咬合中，有一个重要的角色：牙周本体感受器，它们隐藏在牙根的周围，在牙齿与包绕它的牙槽骨之间很小的间隙里，专门负责感受牙齿受到的力量，来决定牙齿咬到什么程度停止，区别咬的食物是软、是硬、是脆还是韧。在咀嚼肌和关节韧带等处也有一些感受器。这些感受器将每次咬合时牙齿、肌肉和关节的实时状态迅速反馈给中枢神经系统，使每一次咬合恰到好处。

什么是咬合病？

什么是咬合病呢？一般来说，牙齿排列整齐，上下牙齿正好可以尖窝交错、均匀稳定地咬合在一起，这样的咬合是最理想的。可是，

TIPS

如何应对咬合病？

关键在于预防和早发现、早治疗。咬合问题应该受到所有口腔医生的重视，在治疗过程中规范操作，避免产生医源性的咬合病。

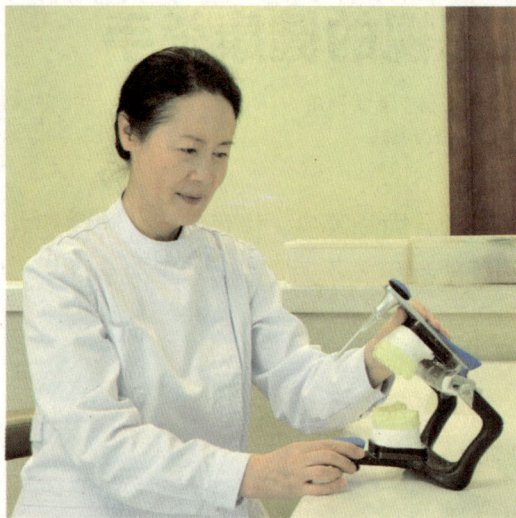

谢秋菲教授在分析咬合病患者的牙列模型

牙齿整整齐齐的人有多少呢？恐怕不是很多。如果一个人牙齿咬合的形态达不到理想咬合那样整齐，但是可以行使正常功能，没有任何症状，这样的咬合称为生理𬌗。但是，有一部分人就没这么幸运，他们会表现出各种各样的问题，比如牙齿敏感、咬合不适、咬物困难，甚至整个口颌面部都有疼痛不适。最严重者不知道该怎么咬合，怎样都不舒服，吃不下饭，睡不着觉，可以说痛不欲生。这些都属于咬合病的症状。

对这些患者进行口腔检查时，会发现有一部分患者存在咬合的异常：比如因为牙齿有很多缺损或缺失，上下牙齿多数都没法咬合在一起。还有一部分患者，咬合形态看上去并没有很大异常，但如果进行进一步的功能检查，就会发现隐匿的问题，比如牙齿轻咬到重咬时、下颌前伸后退时，总有那么几个牙齿的咬合，使下颌的移动产生抖动或偏斜，称为咬合干扰。另外，一部分口颌面疼痛的患者，以目前的临床技术手段无法找到明确的咬合异常表现，这些患者就不能做出咬合病的诊断，症状可能与其他病因有关，比如口颌面部感染或外伤、类风湿性关节炎、咀嚼肌使用过度等。

咬合的客观表现和患者的主观症状之间的关系是非常复杂的，咬合和口颌面疼痛之间是否有因果关系在口腔医学界已经争论了几十年，到目前仍然没有一致的结论。

迎难而上 攻坚咬合病诊治

咬合病导致口颌面疼痛的诊断、鉴别诊断和治疗，是目前口腔医学当中非常棘手的难题。以北京大学口腔医学院口颌功能诊疗研究中心谢秋菲教授为首的研究团队，对这一口腔医学难题进行了十多年的潜心研究，做出了很多有价值的发现。

关于咬合病的机制。在口颌面部专门负责疼痛感受的神经属于三叉神经，这些神经的末梢分布于口颌面各处组织当中，对于造成组织损伤的刺激，比如机械、温度、炎性物质等，可以发出神经信号，最后到达产生疼痛感受的大脑皮层，产生口颌面疼痛感觉。谢秋菲教授团队发现，咬合干扰会造成这些神经通路发生一些病理改变，比如咬合干扰早期，三叉神经末梢上一些负责将伤害性刺激转化为神经信号的蛋白质——也就是伤害感受相关受体会出现表达增多，会使相应区域组织对伤害性刺激更加敏感。而咬合干扰如果一直存在，不但三叉神经外周末梢会改变，而且上级的中枢核团也会发生相应改变。研究证实了咬合干扰会使三叉神经脊束核中的神经细胞变得更加敏感。另外，该核团中的一类与疼痛密切相关参与信号转导（MAPK 信号通路）的蛋白质也出现明显表达增多。这意味着咬合干扰可以造成中枢神经核团出现病理改变，和其他慢性口颌面疼痛有一定的共同点，可以初步解释咬合干扰造成慢性口颌面疼痛的中枢机制。

关于咬合病的临床检查。谢秋菲教授团队首次引进国际标准化定量感觉测试系统，在国内口腔医学领域率先开展标准化定量感觉测试的临床检查。一方面，建立了健康汉族人群口颌面躯体感觉功能数据库，分析了不同性别、年龄、测试部位等因素的影响特点，为中国人口颌面定量躯

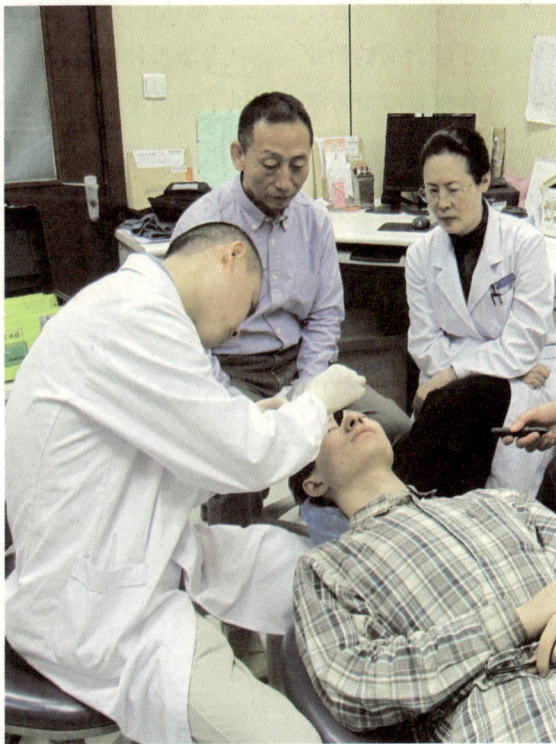

谢秋菲教授指导课题组成员进行标准化口颌面定量感觉测试

体感觉正常参考值的确定提供了依据。另一方面，针对咬合相关口颌面疼痛的中国患者开展定量感觉测试，证实了这类患者的感觉传导通路确实出现异常，而且发现不同患者的测试结果并不相同，表现出个性化特点，这意味着定量感觉测试可以对该类患者群进行进一步的细化分类，从而为个性化诊断和治疗方案的制定提供了前提条件。

关于咬合病的预防。谢秋菲教授团队发现了咬合干扰强度、持续时间及口颌面疼痛病史等因素对咬合干扰致口颌面疼痛的影响特点和规律。通过研究证实，咬合干扰持续时间是导致慢性口颌面疼痛的关键因素，咬合干扰时间越久，去除咬合干扰后疼痛消失得越慢，咬合干扰持续一定时间后就可以导致不可逆的慢性口颌面疼痛。一旦出现不可逆的疼痛，即使去除咬合干扰，疼痛也无法完全消失。另外，研究也发现以往口颌面疼痛经历会对咬合干扰致口颌面疼痛产生易化作用，也就是说，如果一个人之前有过口颌面疼痛病史，他在受到咬合干扰时更容易出现口颌面疼痛，而去除干扰后疼痛恢复得也更慢。这些研究结果提示，在进行补牙或镶牙等口腔治疗时，要避免造成医源性咬合干扰；对于已经确认的咬合干扰，要尽早祛除，避免疼痛转化为慢性。

关于咬合病的治疗。谢秋菲教授团队通过研究揭示了一些新的药物靶点，为未来治疗咬合相关口颌面疼痛提供了新的手段。针对重度牙齿磨耗导致的牙齿酸痛，研究发现一种能量代谢分子 ATP，可以通过介导牙本质再生促进牙髓组织愈合和修复，从而为该临床问题提供了新的治疗策略。另外，针对咬合干扰导致的慢性口颌面疼痛，研究发现谷氨酸受体抑制剂 MK801，或者 MAPK 信号通路的抑制剂，在动物实验中都可以逆转咬合干扰导致的慢性口颌面疼痛，为临床上咬合相关慢性口颌面疼痛提供了新的治疗思路和潜在药物干预靶点。对口腔临床中涉及的咬合调整治疗，课题组还发明了一种牙齿触觉功能数字测试系统，为临床个性化咬合调整提供了依据。

获奖
情况

咬合疾病致口面痛的外周和中枢机制、对颅颌系统的影响及防治研究　二等奖

用基因组编辑 精准缉拿药物靶点

魏文胜

北京大学

药是用来救命的，可很多救命药却身价不菲，导致普通老百姓只能远观，无力购买。高成本的药物与药物救人的本质相违背，这个怪圈该如何去破？

2018 年夏天，一部电影《我不是药神》大火，它把病人面对死亡时的绝望、面对病痛折磨时的疼痛，赤裸裸地展现在人们面前，震撼心灵，催人泪下。剧中，慢性粒细胞白血病患者的续命药物"格列卫"，能够使慢性粒细胞白血病患者的五年生存率从 30% 左右提高到 90%，把这一癌症变成慢性病。然而，这款"神药"却身价不菲，大多数病人负担不起，只能放弃治疗，等待死亡。

为什么像"格列卫"这样的药物会如此昂贵？

已上市药物本身的生产成本和研发成本只是药价中的一小部分。更为重要的是，药物的研发有很大的淘汰比率，很多药物的研发走不到上市营利这一步。由于各个药物公司的研发计划都是保密的，很难对失败的研发项目及其所消耗的成本进行准确的统计。但总体来讲，每 100 个药物研发项目中，大概成功的只能有 1 个，甚至 1 个都没有。

不妨粗略做个计算，假设每个项目平均花掉药物公司 1 亿美元的研发费用，那么 100 个项目就用掉 100 亿美元。可是，其中失败的 99 个项目都不会产生任何利润，只能由成功的那 1 个项目来分摊成本。药是用来救命的，但新药的研发需要巨大的投入、巨大的利润，而巨大的利润必然是高药价的结果，这又与药物救人的本质相违背。这个怪圈该如何去破呢？

精准筛选药物靶点是解决药物研发失败率大的根本途径

药物研发难度大的原因在于无法快速确定药物发挥作用的生物学机制，不能精准

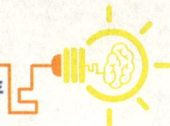

筛选药物靶点，靠"试错"进行研发，国内外医药产业亟须能够加速新药研发并降低药物研发成本的变革型技术。

高通量基因组筛选技术是基于 CRISPR 技术的应用型拓展技术，是研究团队率先在全球首创的技术，具有核心自主知识产权。利用这一高效的新型遗传筛选技术，团队已经成功鉴定出对炭疽毒素、白喉毒素和艰难梭菌侵染所必需的各自宿主受体，以及从未被发现的新型宿主蛋白靶点。

高通量基因组筛选技术，在基因组中掘金

众所周知，基因分为编码基因和非编码基因。研究团队在全球率先搭建了基于 CRISPR 的高通量编码基因遗传筛选平台、基于 pgRNA 文库的高通量非编码基因筛选技术和基于 CRISTMAS 技术的高通量靶点关键氨基酸筛选技术。该平台能够实现对基因组水平上任何一个序列进行删除，从而实现了真正意义上的全基因组筛选，保证了筛选的全面性。

技术平台采用了最先进的高通量基因组筛选技术，对于我国的基础科学研究和新药研发能够带来快捷高效的便利，通过高通量基因组筛选，新药研发机构可以在很短的时间内获得药物的靶点和信号通路，对于加速新药的上市具有重大的推动作用。

快速缉拿新药靶点

高通量遗传筛选技术的基本功能是搜索

TIPS

人体有大约 2 万个编码基因和 1 万多个非编码基因，按总计 3 万个计算，两两组合需要 4.5 亿次组合，三三组合需要 12 万亿次组合，传统"试错"式靶点筛选方法需要数年才能筛选到一个有效靶点。

药物靶点，通过全基因组编码基因和非编码基因的一一敲除，实现精准药物靶点筛选。人体有大约 2 万个编码基因和 1 万多个非编码基因，按总计 3 万个计算，两两组合需要 4.5 亿次组合，三三组合需要 12 万亿次组合，传统"试错"式靶点筛选方法需要数年才能筛选到一个有效靶点，并且花费高昂的研发费用。而高通量遗传筛选技术通过构建高效的基因敲除文库，能够一次性对全基因组进行一一敲除或者两两敲除抑或三三敲除，大大缩短靶点筛选时间至几个月，极大提高靶点有效性、时效性，大大降低药物研发成本。

老药新用不一般

利用高通量遗传筛选技术，可以高效筛选药物靶点，幸运的话，会发现筛到的靶点已经有相应的药物，只是这药物是治疗其他疾病的，而原来并不知道这个药物还能治疗新疾病。这样就可以大大节省药物开发时间，针对新靶点直接用药。比如，团队在开发针对寨卡病毒的药物过程中获得寨卡病毒感染所必需的基因，而现在已存在以其中一个基因为靶点的靶向药物，这样直接就可以用这个老药来治疗寨卡病毒这一新病。

牵线搭桥药物联用

近年来涌现了一些多靶点药物以及针对不同靶点的联合治疗方法，但疗效并未出现质的飞跃，这就需要在治疗前进行各靶点的敏感性检测，但目前临床上在给药前往往局限于单一位点的敏感性检测，难以达到预期疗效。研究团队针对疾病的信号通路设计不同组合的基因敲除文库，筛选获知不同靶位点共同缺失情况的细胞生存状态，指导药物选择。例如，曲美替尼是一种丝裂原活化细胞外信号调节激酶 1（MEK 1／2）可逆性抑制剂，主要通过对 MEK 蛋白［胞外信号相关激酶（ERK）通路的上游调节器］的作用，影响 MAPK 通路，抑制细胞增殖。因此，曲美替尼在体内、体外均可抑制 BRAF V600 突变阳性的黑色素瘤细胞的生长。而普纳替尼作为新一代酪氨酸激酶抑制剂 (TKIs)，对 BCR–ABL 阳性白血病，如慢性髓细胞白血病 (CML)、费城染色体阳性急性淋巴细胞性白血病 (Ph+ALL) 有显著的治疗效果。这两种药物针对的适应证是不同的，但是通过高通量遗传筛选发现，同时影响上述两个信号通路，也就是两种药物联用，能够对 KRAS

突变的非小细胞肺癌产生显著疗效，从而给该型肺癌患者带来了治疗希望。

研究团队在高通量遗传筛选方面取得了领先国际的原创性研究成果，一系列研究成果受到广泛关注，十数篇论文发表在《自然》等学术顶级期刊上，并荣获第十八届专利优秀奖；同时，研究团队已成功将实验室尖端技术成果转化成立基因编辑领域国际领先的国家高新技术企业，建成针对编码基因和非编码基因的高通量筛选平台，开发创新药物，为国内外大型药企、科研院所、高等院校及各大医院提供多种产品与科研服务。

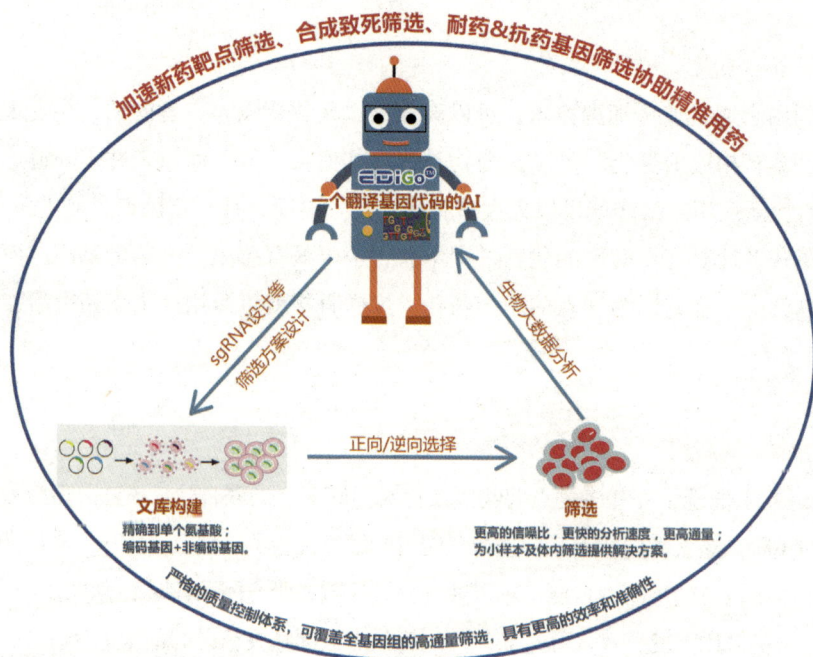

高通量基因功能筛选信息系统

基于 CRISPR/Cas9 高通量研究编码及非编码基因功能的新技术及应用　三等奖

生命密码的解析与基因组编辑

张连峰 马元武
中国医学科学院医学实验动物研究所

20世纪80年代，由于基因工程小鼠技术的发展，小鼠迅速成为生命科学、医学等研究的热点。大鼠作为常用实验动物，认知方面比小鼠更加聪明，生理方面比小鼠更接近人类，然而基因工程大鼠技术迟迟没有突破。

20世纪80年代，由于基因工程小鼠技术的发展，小鼠，尤其是基因修饰小鼠迅速成为生命科学、医学等研究的热点。基因工程小鼠主要采用胚胎干细胞（ES）打靶技术。但是，胚胎干细胞打靶技术研制基因工程大鼠的技术一直没有突破。

大鼠温顺、学习能力强、体型适中、取材方便等，一直是生理、行为、代谢、神经、毒理等研究最常用的实验动物，生命医药研究领域一直期盼基因工程大鼠的出现。

大鼠不是小鼠的扩大版

大鼠跟小鼠不仅体型不同，在进化上两者也早在百万年前就已分开。大鼠和小鼠存在许多不一样的地方，从基因水平看，大鼠有42条染色体，而小鼠只有40条染色体。在认知方面，大鼠比小鼠更加聪明，能够进行更加复杂的学习和认知实验研究。在体型方面，大

TIPS

从基因水平看，大鼠有42条染色体，而小鼠只有40条染色体。在认知方面，大鼠比小鼠更加聪明，能够进行复杂的学习和认知实验研究。

鼠体型更大，生理方面比小鼠更接近人类，能够进行连续的血液相关实验分析，可以对药物的药效和敏感性进行更深入的研究。对心理学家、药理学家、毒理学家和病理学家而言，大鼠非常受欢迎，因为大鼠在这些方面的研究要比小鼠更加合适。例如，小鼠心率是 600 次 / 分，大鼠的心率比小鼠低近 2/3，更加接近人类的 70 次 / 分。

小鼠在 19 世纪 80 年代就成功分离出了体外培养胚胎干细胞，然而，大鼠的胚胎干细胞体外培养技术却迟迟不能实现。

基因敲除大鼠

利用传统方式建立基因工程大鼠，需要两项核心技术，一项是同源重组技术，另一项是胚胎干细胞培养技术。20 世纪 80 年代，科学家利用同源重组技术和成功分离出来的小鼠胚胎干细胞，成功建立了基于 ES 细胞的基因敲除小鼠技术，建立基因敲除小鼠变得容易。

然而大鼠的胚胎干细胞分离培养却不能像小鼠那样成功，技术的不成熟严重阻碍了大鼠在科学研究中的应用。2004 年，大鼠基因组测序的结果，使得人们重新燃起建立基因工程大鼠的期望。

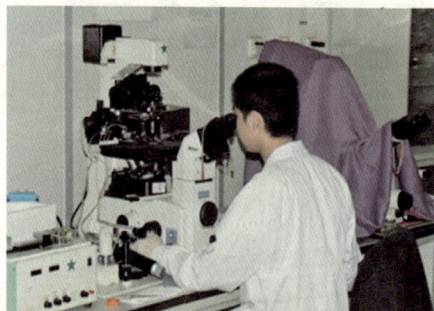

显微注射

大鼠与基因编辑

什么是基因编辑技术呢？通俗地讲就是 "DNA 操作的手术刀"，其中最火的要数 CRISPR/Cas9 技术。CRISPR/Cas9 是来源于细菌的一种适应性免疫系统，该系统类似于人的免疫系统，能够识别并降解外源入侵的 DNA 物质。

基因编辑技术，使得大鼠的基因编辑可以绕开胚胎干细胞打靶、筛选过程，直接通过显微注射的方式在大鼠受精卵里操作，使得大鼠基因编辑，特别是精确基因编辑如

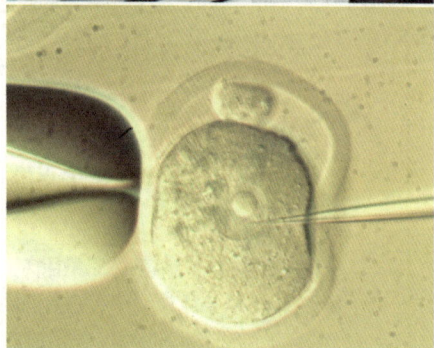

基因插入、缺失、点突变等变得简单、高效。基因编辑技术含有一个具有 DNA 核酸内切酶的结构域，能够在识别靶 DNA 序列后，实现 DNA 双链

大鼠资源库

的切割，在造成 DNA 双链断裂后，宿主自身的修复系统可以通过非同源末端结合或者同源重组的方式进行 DNA 的损伤修复。以第一种方式修复，将会产生 DNA 小片段的缺失、插入或碱基的突变，这种变化会造成基因的移码突变或者破坏基因的功能结构域，造成表达蛋白的失活，从而使大鼠相应基因失活或缺失，建立基因敲除大鼠。

条件敲除大鼠

小鼠中最常用的条件敲除系统是一种被称为 Cre/loxP 的系统。将 2 个 34 个碱基的 DNA 序列插入目的基因两侧，当在有 Cre 重组酶表达的细胞中，能够实现 2 个 loxP 序列之间的 DNA 片段剪切时，就在细胞内敲除目的基因。将该系统应用于建立条件敲除大鼠存在 3 个技术难点，一个是如何实现绕过大鼠胚胎干细胞的分离和培养？二是新型的基因编

辑技术是否能够在受精卵实现高效切割，进而能够在受精卵中完成同源重组？三是如何完成实现同源重组效率的提高，进而方便、高效地进行大鼠基因组修饰？2013年，美国麻省理工学院的研究团队，利用工程改造的CRISPR/Cas9实现了在哺乳动物细胞的多基因敲除。随后包括本项目研究团队在内的多个实验室，通过对大鼠受精卵显微注射CRISPR/Cas9，成功实现了大鼠基因敲除，而且具有非常高的效率，解决了第一个难题。那么接下来，是否该系统能够成功将上面描述的loxP序列插入目的基因的两侧，用于建立条件敲除动物模型呢？为实现这一目的，我们建立了一套"Two Cut and One Donor"的策略，经过实验，策略成功地将外源的loxP序列导入了靶DNA序列处。为实现特定器官、组织或细胞中基因的敲除，还需要特异性表达的Cre重组酶工具大鼠，经过进一步验证，该系统可以成功地将Cre重组酶基因导入基因组的特定位置，并能够利用宿主自身的调控元件，控制Cre的表达。这样利用我们建立的loxP敲入大鼠和Cre工具大鼠，能够实现基因的时空特异性敲除。由于这种依赖于同源序列进行修复的时间框较短，造成了靶序列插入特定位点的效率不高。

前面提到宿主自身的修复系统可以通过非同源末端结合或者同源重组的方式进行DNA的损伤修复，那么如何使得这两种修复方式的平衡发生偏移，偏向于同源重组修复方式？我们发现，通过添加一种非同源末端结合修复途径关键酶的小分子化合物，能够显著提高同源重组修复途径效率，提高外源序列的插入效率。

国内首个基因工程大鼠资源库

研究团队建立的这套大鼠精确基因编辑技术策略，使得建立条件敲除大鼠、基因敲入大鼠变得简单、快捷。为使实验用大鼠更广阔地服务科研、造福人类，利用建立的这套大鼠精确基因修饰技术体系，建立了我国首个大鼠基因工程资源库，这些大鼠模型资源极大地促进了我国生命科学的发展。研究项目提升了我国实验动物模型制备技术水平及生命科学、医药创新研究的保障能力，有力地推动了我国实验动物学科的发展，产生了良好的社会效益和经济效益。

获奖情况

| 基于CRISPR-Cas9的大鼠精确基因编辑技术体系的建立及应用 | 三等奖 |